288道月子餐

瘦回产前好气色

孙晶丹　主编

新疆人民出版总社
新疆人民卫生出版社

目录 CONTENTS

Part6

育儿小常识

part 1

食材常识
大汇集

新鲜蔬果对于产后妈妈极为有益，本单元特别把常见蔬果中容易使用到的食材列出，详细介绍其挑选、清洗以及保存的方法。

草莓

草莓富含营养素，包括糖类、蛋白质、维生素A、维生素C、胡萝卜素、叶酸、烟碱酸、鞣花酸、膳食纤维以及钙、铁等矿物质。其中膳食纤维能够帮助消化，鞣花酸则对人体组织具有保护作用，而草莓的维生素C含量甚至胜过苹果与葡萄。

挑选方法　品质良好的草莓鲜红又有光泽，蒂头叶片鲜绿，没有任何损伤腐烂，且表皮的籽分布平均，还可嗅到浓郁香味。挑选时需注意，果肉坚实并紧连果梗的草莓方为上选，尤其应避免大片掉色及发霉者。

准备工作　关于草莓的清洗方法，有几个小叮咛。首先，别急着去除蒂头，因为除去蒂头后，脏水很可能从缝隙进入果肉组织中。先把草莓浸泡在流动小水流中10~15分钟，利用自来水中剩余的氯来杀菌及氧化残留的农药，接着用大量清水仔细冲洗，最后用开水洗完便可以立刻食用或入菜。

保存方法　从卖场买回来的草莓大多不耐久放，保存时需连同外盒放入冰箱，但在置入冰箱前，需详细检查草莓状况，若有损伤得挑出，否则很容易互相影响，加速腐败现象。

西红柿

西红柿营养价值高，富含果糖、葡萄糖、柠檬酸、苹果酸、茄红素、维生素B_1、维生素B_2、维生素C和钙、磷、铁等多种营养素，对人体十分有益。茄红素是西红柿呈现红色的主要原因，同时也是重要的抗氧化物，能消除体内自由基，预防细胞受损，保护心血管系统。

挑选方法　西红柿依大小不同挑选方法各异。大型西红柿以果形丰圆、果色绿，但果肩青色、果顶已变红者为佳；中小型西红柿以果形丰圆，果色鲜红者为佳，越红则代表茄红素含量越多。利用手指触摸西红柿的果实硬度，若压伤或撞伤会有局部变软、破裂的情况，容易散发酸臭味。好的西红柿果实饱满，果肉结实无空心，色泽均匀，无裂痕或病斑，熟度适中且硬度高。

准备工作　用流动小水流仔细清洗。一般人习惯边洗边去蒂头是错误的，正确方式应先清洗完毕再去蒂头，以免污水从缝隙处渗入污染果肉组织，危害人体健康。

保存方法　购买回家后可直接放入冰箱冷藏，不过为避免西红柿挤压造成腐烂，放置时请不要将西红柿紧靠在一块。

红椒

红椒含丰富的β-胡萝卜素、维生素A与维生素C，可使变异细胞良性化，具有刺激脑细胞新陈代谢、增强抵抗力之功能，所含维生素A与维生素C可以预防心血管硬化及沉积性阻塞，有效降低血液黏稠度，是对人体非常有益的蔬果。

挑选方法 挑选红椒时，要以果形端正、果面平滑、果实硕大饱满、鲜艳有光泽、皮薄肉厚及无水伤、腐烂、虫害的为佳。红椒的嫩果通常呈青绿色，成熟之后才会呈现红色。

准备工作 首先用软毛刷沾水轻轻刷洗红椒表层，再用热水快速焯烫，利用高温分解部分农药，接着把红椒用流动小水流冲洗即可。由于红椒最容易残留农药及灰尘在蒂头凹陷处，因此在清洗前，需把蒂头先行去除，以免在清洗过程中残留的农药进到水里，造成更多的污染。

保存方法 使用有孔的塑胶袋或报纸将红椒包装好，放在冰箱冷藏库中可保存一周。通常在红椒蒂头下凹处，容易堆积尘土及农药，建议在包装之前先拭净较好，以免造成交叉污染。

红枣

红枣富含蛋白质、脂肪及钙、磷、铁等多种矿物质，对人体十分有益。新鲜的红枣在接近成熟时蕴含丰富的维生素C，几乎是苹果的一百倍，并含有大量的糖类物质，如葡萄糖、果糖与蔗糖等。红枣可以提高免疫力，增强抗病能力，经研究显示，它还有安神及抗过敏等效果。

挑选方法 挑选红枣要选择皮色紫红、果形圆整，且颗粒大而均匀、皮薄核小、肉质厚而细实的最好。若是红枣蒂端出现深色粉末或孔洞，则代表它被虫蛀了，不是首选。在口感上，甜味佳的红枣用手紧捏一把，会感到滑糯又不松泡，说明其质细紧实、枣身干且核小，是值得挑选的红枣。

准备工作 红枣同样可能发生农药残留的问题，选择时除挑选颜色较为自然的之外，食用前，还应用流动小水流冲洗5~10分钟，避免采用浸泡的方式，以免残存的农药再次进到果肉组织里。

保存方法 红枣的营养成分与含水量高，建议放置冰箱保存，以免滋生细菌而腐坏，如若发现发霉、变色的现象，则代表不宜再食用了。

木瓜

木瓜蕴含维生素A、维生素C、维生素E、维生素K、β-胡萝卜素、磷、钙、铁及钾等营养素，其中木瓜酵素则有助于蛋白质的吸收。木瓜属性微寒，体质及脾胃较虚弱的人切勿摄取过多，以免产生腹泻现象。

挑选方法

挑选木瓜时，尽量选择手感较轻的，果肉才会甘甜；反之，木瓜可能尚未成熟，口感会带些苦味。而果皮颜色较亮为佳，橙色均匀、少色斑，轻按表皮手感紧致不松垮方为上选。

准备工作

成熟的木瓜需小心清洗，力道过大很容易造成表皮损伤。用蔬菜刷或全新牙刷，在流动的小水流下轻轻刷洗木瓜表皮。尽管不会食用表皮，但切食时，刀子还是会划过，因此必须彻底清洗表皮。木瓜切开后，需去籽再食用，要特别注意砧板的卫生，生、熟食应使用不同砧板，才不会污染食物。

保存方法

若是购买到尚未成熟的木瓜，可先用报纸包覆放在阴凉处待熟，避免没有包覆便直接置放通风处，以免水分流失，表皮变得皱巴巴，影响口感。购买果色橙黄的成熟木瓜，切食后需尽早食用，不可在冰箱存放超过2天。

芒果

芒果不仅口感鲜甜，更蕴含维生素A、维生素B$_1$、维生素B$_2$、维生素C、β-胡萝卜素、磷、钙、铁等营养素。100克果肉便能提供人体一天所需的维生素C，富含的β-胡萝卜素与B族维生素而使其抗氧化能力高，营养甚至优于苹果、猕猴桃。

挑选方法

挑选芒果时，可把握三大重点，第一，果香越浓郁口感越好；第二，果皮质感细腻、颜色较深的，代表熟度正佳；第三，避开表皮出现大量黑色斑点的芒果，拥有少量斑点很正常，但若是遍布果皮，则说明果肉已受到一定损害。

准备工作

芒果表皮含有漆酚，常是导致过敏的原因之一，因此食用芒果前需把外皮去除，以免造成过敏反应。可使用蔬菜刷或全新牙刷，在流动小水流下轻轻刷洗表皮后，削除外皮并去籽、切块即可食用。

保存方法

芒果外层出现果胶，便代表果肉已熟透，要尽快食用，以免发黑烂掉。未熟透的芒果不要放入冰箱，以免造成冷害，破坏细胞膜稳定性，使果皮布满斑点或直接转为黑褐色，果肉也容易产生质变，转为褐色，甚至呈现水烂状，大大降低食用品质。

菠萝

菠萝具有膳食纤维、维生素B_1、类胡萝卜素与钾等丰富营养素，其中维生素B_1可以增进食欲。菠萝不仅能改善炎夏食欲不振的困扰，还可以减轻腹泻及消化不良的症状。

挑选方法 挑选菠萝时，以果实饱满结实、具重量感，充满浓郁果香，表皮光滑无裂缝的为上选。而市面上出现的许多改良品种，通常甜度较高，若遇果肉过熟易发酵酸化，因此选购时尽量以表皮金黄带绿的菠萝为优先，以免挑到不良品。

准备工作 菠萝表皮极不平整，布满大小钉眼，由于钉眼中还有毛刺，因此食用前需除去外皮。菠萝具有蛋白分解酵素，能够水解肌肉组织，进入人体后，可以帮助肉类消化，但此类酵素却可能造成口腔刺痛，因此菠萝削好后，不要水洗以免加重不适感。

保存方法 菠萝若非马上食用，不要立即去皮，可在通风处存放2至3天，但因表皮容易藏纳果蝇卵，应慎选存放地点，避免滋生果蝇。削皮后需尽早食用完毕，否则容易发酵，若实在吃不完，建议用保鲜膜完全包覆，再放入保鲜盒冷藏保存，可放置3至5天。

玉米

玉米含有丰富的膳食纤维、类胡萝卜素、叶黄素、蛋白质、糖类、镁、铁、磷等营养素，其中膳食纤维可改善便秘症状，类胡萝卜素及叶黄素则能预防白内障。

挑选方法 挑选玉米可由外观着手，外叶以颜色翠绿者为佳，代表玉米较新鲜，外叶枯黄则表示玉米过熟，颗粒无水分，鲜度尽失。选购时还需避开有水伤及凹米状况的玉米，若嗅起来有酸味，便代表玉米受到水伤，很可能已经遍布霉菌了。

准备工作 清洗玉米可掌握三大步骤，第一，用刷子干刷除去玉米叶上的灰尘；第二，剥除玉米叶，并记得在接触玉米粒之前，把摸过玉米叶的双手清洗干净；第三，利用流动小水流及软毛刷，仔细刷洗玉米间隙。

保存方法 玉米选购回家后，最好当天食用完毕，否则容易丧失水分及鲜度。若需存放，建议剥去玉米叶及玉米须，不用经过清洗，直接放在塑胶袋中进冰箱冷藏，这样可减缓水分流失的速度，但保存时间仍以一周为限。若是放在室温下存放，不宜超过2天，并应避免堆积及日晒，以免加速玉米的损伤。

胡萝卜

胡萝卜富含β-胡萝卜素，可在体内转化为维生素A，若是经常食用，可发挥保护皮肤和细胞黏膜、提高身体抵抗力的作用。胡萝卜在日本被称作"东方小人参"，含有蛋白质、脂肪、糖类、维生素B_1、维生素B_2、维生素B_6、维生素C、钙、磷、铁、钾和钠等营养素。

挑选方法

胡萝卜以内芯剖面细、深橘色、须根少为佳，若是买到已切除叶子的胡萝卜，需挑选剖面细的内芯，口感较好；胡萝卜呈现橘色是受到β-胡萝卜素的影响，越是深橘色，甜度越高；而须根较少的胡萝卜则表示生长状况较佳，有获得一定的营养。

准备工作

胡萝卜购买回家后，表面常带有土壤，若非立即食用，不要用水清洗，先干刷掉土壤，食用前再用刷子在流动小水流下刷洗干净，并去除蒂头与外皮便可直接烹煮。

保存方法

买到带叶的胡萝卜，要把叶子立即切下，防止养分从根部被叶子吸取走，而新鲜的胡萝卜叶可使用在很多料理上。胡萝卜切开后，切口容易蒸发水分，若是直接放在冰箱，往往由于缺水而变干、弯曲，因此必须用保鲜膜包好存放在冰箱冷藏，最多不可超过3天。

南瓜

南瓜蕴含维生素A、B族维生素、维生素C及磷、钙、镁、锌、钾等多种营养素，其颜色越黄，甜度越高，β-胡萝卜素含量也越丰富，所含的类胡萝卜素加入油脂烹煮，不仅不会被破坏，还有助人体的吸收。

挑选方法

选购南瓜应挑选外皮无损伤与虫害，并均匀地覆有果粉，且拥有坚硬外皮、果蒂较干燥的为佳。外形完整的南瓜，没有遭遇摔伤及虫咬，果肉不易变质腐坏；表皮均匀覆有果粉的南瓜则较为新鲜；南瓜熟度越高，果肉越清甜。与一般蔬果选购时不同，选购南瓜时不以绿色蒂头为优，枯黄干燥的蒂头代表存放时间较久，口感也越好。

准备工作

不要立即食用新采摘、未削皮的南瓜，由于农药在空气中经过一段时间可分解为对人体无害的物质，因此易于保存的南瓜，可存放1至2周来去除残留农药。

保存方法

没有切开的完整南瓜，可在室内阴凉处存放半个月，冰箱冷藏则可以保存1到2个月。新鲜南瓜购买回来后，可以找合适地点存放1至2周，风味更佳。已经切开的南瓜，保存时要将瓤与籽挖除，用保鲜膜包好，存放在冷藏室中，最多可放置一周。

上海青

包菜

上海青除了含有深绿色蔬菜特有的维生素C、β-胡萝卜素与叶酸等，还拥有丰富的钙及硫化物。100克的上海青含有101毫克的钙，算是含钙量较高的蔬菜。除此之外，上海青草酸含量低，可避免与钙结合排出体外，人体吸收率相对较高。上海青营养素常因为过度烹煮而流失，应避免长时间水煮，如此更有助于叶酸的释放与吸收。

包菜含有B族维生素、维生素C以及膳食纤维等营养素，更含有丰富的人体必需微量元素，其中钙、铁、磷的含量在各类蔬菜中名列前五名，又以钙的含量最为丰富，对人体非常有益。

挑选方法　挑选上海青要以植株挺实为主，除新鲜之外，口感也较为脆甜；另外，接近根部的茎要宽大，不仅滋味较浓郁，保水度也较够；叶面须呈翠绿，若发黄、枯萎则代表放置过久；茎不可有断裂现象，若出现断裂现象，很可能遭受过挤压或撞击。

准备工作　上海青有时会产生农药及泥沙残留较多的疑虑，因此清洗时最好先去除腐叶，切除近根部一厘米，再一叶叶拨开，以流动小水流清洗干净，并用手轻轻推洗茎叶部分，最后使用适当的水柱力量冲洗上海青根茎部，再将根部的脏污用刀子削除。

保存方法　将每次需用的上海青分开，用厨房纸巾包住，再放入大型密封袋里，密封后放进蔬果室保存。

挑选方法　选购冬季包菜时，要选择拿起来沉甸甸且外包叶湿润有水分的；选购春季包菜时，要挑选菜球圆滚滚且有光泽的。选购切成两半的包菜时，要挑选切面卷叶形状明显的。

准备工作　剥包菜时，先将菜根切去，再一张一张剥下来，不要使用包菜最外面的包叶，菜叶要用流水冲洗干净。切包菜时不要顺着叶脉方向切，要与叶脉成直角方向切。如果要用于断乳食，不要选用硬菜心，而要用叶端柔软部分。

保存方法　外包叶可以保护内叶不受损伤，所以不要摘掉外包叶，将包菜用保鲜膜或报纸包好后放入塑胶袋中，在冰箱冷藏或放入储藏室保存。用包菜做宝宝断乳食时，要将菜心及周围的坚硬部分挖去，去除外包叶，将菜叶剥下来使用，最好将菜叶上的叶梗也切去，这样才能做出软嫩的宝宝断乳食，有利于宝宝食用和消化。

part2

产后第一周
精选食谱

产后第一周妈妈们通常会感到脾胃虚弱，加上体力尚未恢复、胃口不佳，在餐点的准备上，应该以软嫩、易消化的食材为主，进食采取少量多餐的方式，并且避免食用刺激性食物，才不会对身体造成负担。

产后第一周体质变化

产后第一周即指妈妈们生产完后1至7天，这时候整个人正处在气血两虚以及脾胃虚弱的状态中。

自然产妈妈因为在生产时耗尽全身气力，造成身体精疲力尽，甚至出现元气大伤的结果；剖宫产妈妈则因生产方式的不同，身上有着较大面积的伤口。两者同样都在分娩过程中，耗损了大量汗水与血水，因此都有气血两虚的现象。

妊娠期间，由于宝宝在子宫里头茁壮成长，部分内脏会因宝宝的挤压，离开原先的位置。妈妈在生产后，这些移位的内脏会逐渐回到本来的位置，在这个过程中，肠胃蠕动较平时更为缓慢，容易形成胀气，由于肠胃虚弱导致妈妈们胃口不佳。

分娩后，妈妈们仍会感到下腹部有阵发性的疼痛，这种疼痛称为产后痛，可以促进恶露的排出。血性恶露排出时，伴随大量血液，颜色多半呈现鲜红色，有时还会夹杂小血块，并含有少量胎膜及坏死蜕膜组织。

血性恶露持续3至4天后，子宫出血量会逐渐减少，浆液增加，转变为浆液恶露，颜色也会渐渐转为淡红色。

此时期切勿大补，人参、鹿茸等不宜食用。想哺乳的妈妈忌吃韭菜、麦芽等会造成退奶的食物；剖宫产妈妈则要特别注意，在此时期不要食用芝麻油及过多酒类，以免伤口感染发炎。

产后第一周饮食调理重点

产后初期由于妈妈们的肠胃正处在虚弱状态，加上子宫也处在恢复期，如果立刻大肆滋补，不但无法达到预期效果，还可能损伤脾胃，更可能影响子宫收缩，致使恶露无法顺利排出体外。

产后第一周的饮食调养重点，应在于排除恶露、促使伤口愈合及消除水肿。在这样的前提之下，妈妈们应避免摄取含咖啡因的饮料，如茶、咖啡之类，以免造成精神亢奋，进而影响休息。

产后第一周，因为体力尚未完全恢复，妈妈们很容易感到胃口不佳，前几天可以选择食用清淡易消化的流质、半流质食物，避免摄取过度油腻及坚硬、难消化的食物。产后3至5天，则可以选择适当的食物来补充丰富蛋白质，鸡肉、鱼肉、猪瘦肉、鸡蛋、豆腐及新鲜蔬果等都是不错的选择。

这样不仅可以补充元气，更可以加快身体复原的速度，并促进乳汁的分泌，不过有个大前提仍需注意，食物型态还是应以质软易消化为主，少量多餐为辅。

在食物的选择上，应采取丰富多样的均衡饮食，恶露排净前避免用酒，以免延长恢复时间；伤口若出现红肿热痛应禁用芝麻油，以免造成伤口久久无法愈合的情形产生。

黏滞食物因为消化较困难，吃多容易胀气、不舒服，妈妈们应避免食用，以免损伤肠胃，造成身体负担。

三鲜烩豆腐

材料（一人份）

猪里脊150克
胡萝卜50克
嫩豆腐150克
鸡蛋1个
木耳50克
香菜10克
盐5克
胡椒粉5克
芝麻油5毫升
葱末10克
生姜末10克
白糖2克
水淀粉15毫升
食用油适量

做法

1 豆腐切丁，放入盐水中煮开，浸泡10分钟后捞出，再泡入盐凉水中。

2 里脊、胡萝卜、木耳切丁。

3 热油锅，爆香葱末、生姜末，接着放入猪肉丁、胡萝卜和木耳一起翻炒，再加入清水及豆腐丁。

4 大火煮开后，转小火慢炖15分钟，加入盐、胡椒粉、白糖调味，再以水淀粉勾芡。

5 最后打入鸡蛋，炒匀，再滴上芝麻油、撒上香菜即完成。

营养小叮咛 ▶ ·····················

豆腐营养容易被人体吸收，可以防衰老，预防心血管疾病和老年痴呆症，维持骨骼健康，降低胆固醇。和三鲜一起入此菜，有生津开胃、补充营养、稳定不良情绪的功效。

南瓜烩豆腐

材料（一人份）
南瓜100克
嫩豆腐50克
豌豆仁10克
酱油15毫升
盐5克
芝麻油5毫升
姜片3片

做法

1 南瓜去掉皮和籽，和嫩豆腐分别切成块。

2 将芝麻油倒入锅中加热，下姜片爆香。

3 接着放入南瓜块，用小火煎至九成熟，然后压成泥，再放入酱油和50毫升清水，搅拌均匀。

4 待烧开时，加入嫩豆腐和豌豆仁一同煨煮一下，最后再放入盐调味即可。

营养小叮咛 ▸▸▸▸▸▸▸▸▸▸▸▸

南瓜可促进排便顺畅、预防泌尿系统疾病、抗氧化、滋养肌肤、补中益气；豆腐则含蛋白质、钙、B族维生素等营养，无胆固醇，容易被人体吸收，可维持骨骼健康、降低胆固醇。

清蒸鸡汁丝瓜

材料（一人份）
丝瓜200克
红椒50克
蒜头2瓣
鸡汤100毫升
盐5克
食用油5毫升

做法

1 丝瓜洗净、去皮，切成段，再切成片，放入碗中。

2 将红椒洗净、去籽，切成丝，放在丝瓜上。

3 再将大蒜切成末，撒在丝瓜与红椒丝上。

4 菜肴撒上盐，接着淋上鸡汤和食用油。

5 蒸锅加水烧开，将菜碗放入，猛火蒸3分钟即可。

营养小叮咛

丝瓜性属甘凉，具有清热消暑、止咳化痰、祛斑美白、凉血解毒、通经络、利血脉、下乳汁的作用。故饮用此汤，可帮助妈妈促进恶露排出、利尿清热，改善乳量不足。

虱目鱼粥

10 MIN

材料（一人份）

虱目鱼肚1个
白饭100克
生姜丝10克
香菜末10克
米酒5毫升
盐5克
葱末10克
芝麻油5毫升

做法

1 取汤锅，加入500毫升清水、生姜丝及白饭，煮至汤汁浓稠、白饭软化。

2 接着加入鱼肚，大火滚煮3分钟，至鱼肚熟透。

3 最后加入米酒、香菜末、葱末、盐及芝麻油，待再次沸腾即可起锅。

香菇鲈鱼汤

材料（一人份）

鲈鱼250克　　新鲜香菇3朵　　木耳 5克
米酒15毫升　　葱花10克　　生姜片3片
盐5克　　食用油适量

做法

1 香菇洗净后一开二；木耳泡发，去蒂、切块。

2 鲈鱼去内脏、洗净，擦干鱼身。

3 热油锅，将鲈鱼两面煎透后，放入生姜片爆香，再加入500毫升清水和米酒，用大火煮开。

4 盖上锅盖，用小火滚煮10分钟。

5 待汤头成奶白色时，放入香菇和木耳煮熟。

6 起锅前，撒入葱花和盐即可。

鲜鱼丝瓜汤

材料（一人份）

马头鱼1条
丝瓜300克
生姜丝20克
盐10克

做法

1 马头鱼洗净、清除内脏，切成小块后，将生姜丝塞入鱼腹内。

2 丝瓜去皮，洗净、切段，与马头鱼、600毫升清水一起放入汤锅内，用大火煮沸。

3 接着盖上锅盖，再用小火慢炖至鱼熟。

4 起锅前，加入盐调味即可。

包菜卷 40 MIN

材料（一人份）
包菜叶6片
猪绞肉300克
马蹄50克
米酒5毫升
芝麻油5毫升
白胡椒粉5克
盐5克

做法

1. 马蹄洗净，切碎末；包菜叶洗净，切去老梗，放入滚水中煮软，备用。

2. 猪绞肉中加入马蹄末、盐、白胡椒粉、米酒、芝麻油搅拌均匀，至食材出现黏性。

3. 取1片包菜叶，铺上拌好的馅料，包成长方形，即为包菜卷。

4. 将包好的包菜卷放入内锅中，外锅倒入150毫升水，蒸15分钟后掀盖看看是否熟透，若还没熟透可再加点水继续蒸煮，约15分钟即完成。

扫一扫，轻松学 ┈┈┈┈┈┈

牛奶西蓝花

part
2

材料（一人份）
西蓝花100克
牛奶100毫升
盐5克
葱花10克
水淀粉5毫升
花生油5毫升

做法
1 将西蓝花洗净，切成小朵，放入盐水中汆烫，再捞出、沥干水分备用。
2 起油锅，烧热，再加入葱花爆香。
3 倒入15毫升清水、盐及西蓝花煨煮3分钟，接着加入牛奶，转小火一同熬煮。
4 待西蓝花软熟，最后加入水淀粉勾芡即完成。

肉末菠菜

材料（一人份）
菠菜200克
猪肉25克
葱花10克
姜末10克
盐5克
水淀粉5毫升
食用油5毫升

做法
1 菠菜洗净，切成三厘米长段；猪肉切小丁备用。
2 烧热油锅，放入葱花和姜末爆香后，放入猪肉丁爆炒。
3 待猪肉丁快熟时，再放入菠菜一起翻炒。
4 最后用水淀粉勾芡，以盐调味，炒匀即可。

娃娃菜鲈鱼汤 15 MIN

材料（一人份）

鲈鱼1条　娃娃菜2株　生姜片3片　盐5克
食用油15毫升　枸杞10克　米酒15毫升

做法

1 清除鲈鱼内脏及鳞片、洗净，仔细擦干鱼身水分。

2 娃娃菜洗净后切去蒂头，再对半剖开。

3 起油锅、烧热，将鲈鱼煎至两面微黄后，放入生姜片、米酒及600毫升清水，大火煮开后，转小火续煮，煮至汤色呈乳白色。

4 放入娃娃菜一起熬煮10分钟，接着放入枸杞和盐，再煮3分钟即可。

鲈鱼奶汤 10 MIN

材料（一人份）

鲈鱼1条　黄豆50克　生姜片5片
八角5克　盐5克　胡椒粉5克
色拉油15毫升

做法

1 鲈鱼去除鳞和内脏、洗净，在背上切上花刀。

2 起油锅、烧热，放入鲈鱼和生姜片略煎，再倒入600毫升清水烧开。

3 接着加入八角和黄豆，一起熬煮至鲈鱼熟透、汤呈奶白色。

4 最后加入盐和胡椒粉调味即可。

蛤蜊豆腐汤 10 MIN

材料（一人份）

蛤蜊150克　豆腐100克　腊肉片20克　葱段
10克　生姜片3片　米酒15毫升　食用油5毫升
盐5克　白胡椒5克

做法

1 蛤蜊用冷水淘洗几次，放入盐水中静置2小时，吐沙备用；豆腐切块。

2 热油锅，放入葱段和生姜片爆香，再放入腊肉片炒香，最后下豆腐块、米酒和500毫升热水，以大火煮开。

3 再放入蛤蜊，盖上锅盖，大火续煮2分钟。

4 最后再放入盐和白胡椒调匀即可。

虾仁鱼片汤

材料（一人份）

鲜虾仁200克　鱼肉150克　油麦菜心30克　香菜10克　食用油适量　盐5克　葱花10克　姜末10克

做法

1　虾仁洗净、去肠泥，放入油锅中微炒后捞出。

2　鱼肉洗净、切成片，放入热水中汆烫；油麦菜心洗净，切段。

3　热油锅，爆香葱花和姜末，再放入油麦菜心微炒。

4　加入500毫升清水，大火煮开，接着放入虾仁和鱼片煮熟。

5　最后调入盐、撒上香菜即可。

萝卜鲜虾

材料（一人份）

白虾140克
胡萝卜50克
白萝卜50克
柴鱼片15克
盐5克

做法

1　白虾洗净，开背去肠泥。

2　胡萝卜和白萝卜分别洗净，去皮、切片。

3　取汤锅，放入500毫升清水煮开，接着放入胡萝卜、白萝卜和柴鱼片，煮至萝卜熟烂后，再放入白虾。

4　待虾煮熟，最后加入盐调味即可。

百合甜椒鸡丁 5 MIN

材料（一人份）

鸡腿肉150克　甜椒40克　百合20克
生姜末10克　蒜末10克　盐10克　蛋白1个
色拉油5毫升

做法

1 鸡腿去骨切丁；甜椒切丁；百合剥小片，洗净备用。

2 鸡丁加入5克盐和蛋白抓匀，稍微腌渍一下。

3 热油锅，放入鸡丁煎至微黄，再放入生姜末煎香，接着放入蒜末一起爆香。

4 最后再放入甜椒、百合和盐，拌炒至甜椒和百合软熟即可。

肉末蒸蛋 10 MIN

材料（一人份）

鸡蛋2个　猪绞肉50克　米酒10毫升　水淀粉15毫升　葱末10克　酱油30毫升　盐5克　食用油5毫升

做法

1 将鸡蛋打入碗中，接着加入米酒、15毫升酱油及270毫升清水，一起拌匀。

2 蛋液用筛子过滤后放入蒸锅，在锅盖和锅子中横放筷子留缝，以中小火蒸熟。

3 起油锅，爆香葱末，再放入肉末炒香，放入剩余酱油和清水、盐，再以水淀粉勾芡，浇在蒸好的蛋上即可。

4 最后加入盐调味即可。

枸杞鸡丁 15 MIN

材料（一人份）

鸡胸肉100克　枸杞10克　马蹄30克　蛋白1个
食用油5毫升　生粉10克　盐10克　葱段10克
生姜末10克　蒜末10克

做法

1 马蹄去皮、洗净，切丁；枸杞洗净备用。

2 鸡胸肉洗净、切丁，放入5克盐、蛋白及生粉均匀搅拌。

3 热油锅，爆香葱段、生姜末及蒜末，放入鸡丁、马蹄、15毫升水和剩余盐，快速翻炒。

4 最后放入枸杞，再翻炒几下至鸡肉熟透即可。

红枣鸡蛋汤

材料（一人份）
熟鸡蛋1个
红枣30克
生姜片2片
红糖20克

做法

1 红枣洗净，泡软后去核。

2 取汤锅，注入500毫升清水和红枣，大火煮沸30分钟。

3 再加入熟鸡蛋、生姜片和红糖，一起熬煮至出味即可。

木耳鸡汤

材料（一人份）
乌骨鸡500克
桂圆30克
木耳50克
红枣10颗
盐5克
生姜片3片

做法

1 乌骨鸡洗净、斩块，汆烫去血水后捞出，放入已注入沸水的砂锅中。

2 木耳洗净、泡发后，去蒂切小块；红枣洗净，去核备用。

3 将木耳、桂圆、红枣、生姜片一起放入已放入鸡肉块的砂锅里，待煮沸后，转小火慢炖1小时，炖至鸡肉软烂。

4 最后加入盐调味即可。

小米桂圆粥 15 MIN

材料（一人份）
小米150克
桂圆肉40克
黑糖20克

做法

1 小米洗净，用水浸泡1小时以上；桂圆肉用手剥成小瓣，备用。

2 取电锅，内锅中放入小米和1000毫升的水，外锅倒入300毫升的水，按下开关，蒸至开关跳起，再焖10分钟，即为小米粥。

3 热锅，倒入煮好的小米粥，放入桂圆肉和黑糖，以小火熬煮至桂圆散发出香气即完成。

扫一扫，轻松学 ·········

牛奶粥

材料（一人份）
鲜牛奶200毫升
白米粥（去汤）200克
黑糖20克

做法

1 取汤锅，倒入白米粥、鲜牛奶，以小火熬煮至微微煮沸、冒泡。

2 再加入黑糖，搅拌均匀即可。

皮蛋瘦肉粥

材料（一人份）
白米粥150克
皮蛋2个
猪绞肉40克
油条1根
葱花10克
生姜丝10克
盐5克
食用油适量

做法

1 将皮蛋剥壳、切丁；油条切成小段。

2 热油锅，放入葱花和猪绞肉炒香，接着加入200毫升清水、白米粥和生姜丝一起煮开，再放入盐调味。

3 最后放入皮蛋丁，待再次煮开后，盛入碗中，再放入油条段即可。

豆浆上海青汤

材料（一人份）

上海青200克　　豆浆200毫升　　盐5克
食用油5毫升　　葱10克　　生姜10克

做法

1 将上海青洗净，切段；生姜洗净，切片；葱切成段，备用。

2 热油锅，放入姜片和葱段爆香。

3 接着放入上海青炒匀，再加入盐调味。

4 捞去姜片和葱段，接着倒入豆浆，以小火烧开即可。

娃娃菜萝卜汤

材料（一人份）

娃娃菜200克　　胡萝卜80克　　豆腐
200克　　食用油5毫升　　香菜末10克
盐5克　　葱段20克

做法

1 将娃娃菜、豆腐、胡萝卜去皮、洗净，切长条，焯烫后捞出备用。

2 起油锅烧至五成热，先放入葱段爆香，再倒入500毫升水，接着将胡萝卜、豆腐放入锅中一起煮。

3 以大火煮开后，再加入娃娃菜。

4 待再次煮开后，转小火煮至胡萝卜熟透，再加入盐和香菜末即可。

清炒蔬菜

材料（一人份）

蘑菇50克
西芹200克
红椒50克
盐5克
色拉油15毫升

做法

1 将蘑菇、西芹、红椒分别洗净。

2 西芹切斜刀片；红椒切条状；蘑菇切对半备用。

3 热油锅，放入蘑菇、西芹和红椒，略为翻炒。

4 接着加入盐调味，翻炒均匀至熟后即可。

苋菜豆腐鸡蛋汤

材料（一人份）
板豆腐100克
苋菜200克
鸡蛋1个
蒜末10克
盐5克
芝麻油5毫升
食用油适量

做法

1 苋菜洗净，切段；豆腐切块。

2 鸡蛋打散成蛋液，备用。

3 起油锅，先放入蒜末爆香，接着放入苋菜炒熟，加入500毫升清水。

4 待水开后，放入豆腐和盐，再倒入蛋液煮成蛋花，稍煮一会。

5 最后放入芝麻油，关火盛出即可。

豆芽炒三丝

材料（一人份）
绿豆芽150克
猪瘦肉50克
豆干50克
红椒40克
盐10克
酱油15毫升
食用油适量

做法

1 猪瘦肉切丝，用5克盐和酱油腌入味。

2 绿豆芽掐去头尾，洗净；红椒洗净剖半，去籽和白膜后切丝；豆干切丝后，焯烫、捞出沥干备用。

3 起油锅，放入肉丝炒至六分熟，再放入豆干丝、红椒丝略为拌炒。

4 最后加入绿豆芽炒至微软后，加盐调味即可。

黑胡椒豆腐煎

材料（一人份）
板豆腐200克
木耳30克
胡萝卜30克
洋菇50克
食用油20毫升
酱油10毫升
黑胡椒5克
白糖5克

做法

1 木耳、胡萝卜及洋菇洗净后切片；豆腐洗净，切大块。

2 起油锅，放入豆腐煎至两面略微金黄，使其烹饪过程中不致散开便可。

3 在原锅中加入胡萝卜拌炒至熟透，再下木耳、洋菇一起拌炒至香味传出。

4 放入酱油、白糖后，沿锅边轻轻地拌炒均匀，以免豆腐形状散开，起锅前，撒上黑胡椒增香即可。

扫一扫，轻松学 ………………

红枣芹菜汤

材料（一人份）
红枣10颗
西芹500克
冰糖10克

做法

1 红枣、西芹分别洗净。

2 西芹去叶，切段；红枣去核备用。

3 将红枣和芹菜放入锅中，再注入300毫升清水，以大火煮开。

4 接着转小火炖煮10分钟。

5 最后再放入冰糖拌匀即可。

滑蛋虾仁

材料（一人份）
虾仁100克   鸡蛋2个   葱花10克   蒜片10克   生姜末10克   料酒5毫升   盐10克
生粉15克   水淀粉15毫升   芝麻油5毫升
食用油5毫升

做法

1 虾仁洗净、氽烫后捞出，放入碗中，加5克盐和料酒、1个蛋白及生粉，抓腌10分钟。

2 鸡蛋打散成蛋液，加入盐、水淀粉和葱花拌匀，接着放入腌好的虾仁，再拌匀，静置一会。

3 起油锅，放入蒜片、生姜末爆香，再倒入蛋液，轻推锅铲，至蛋液凝固、变熟。

4 起锅前，淋上芝麻油即可。

小米松阪粥

材料（一人份）
小米100克
松阪猪肉80克
枸杞20克
盐5克
白糖5克
胡椒粉5克
芹菜末5克

做法

1　小米洗净，泡水备用；枸杞洗净，加水泡软后沥干备用；松阪猪肉洗净，切小块。

2　起一锅水，放入浸泡好的小米与三倍的水一起熬煮至黏稠状。

3　加入松阪猪肉丁一块熬煮，待猪肉呈现熟色后，加入盐、白糖以及胡椒粉搅拌均匀。

4　最后撒上芹菜末、枸杞搅拌均匀，即可起锅。

扫一扫，轻松学 ……………

何首乌炖乌骨鸡汤

材料（一人份）
何首乌6克
乌骨鸡500克
盐5克
生姜片3片
料酒15毫升

做法

1 将何首乌放入塑胶袋中，敲成小块备用。

2 乌骨鸡剁成块后洗净，汆烫去血水，再放入砂锅中。

3 接着加入何首乌、生姜片与料酒，大火煮滚后，盖上锅盖，再以小火炖煮45分钟，至鸡肉软烂。

4 最后加入盐调味即可。

珍珠三鲜汤

材料（一人份）
鸡胸肉50克　板豆腐50克　豌豆50克
西红柿100克　蛋白1个　水淀粉30毫升
料酒5毫升　盐10克　高汤300毫升
芝麻油5毫升　食用油适量

做法

1 鸡胸肉剁成细泥；西红柿切成小丁备用。

2 板豆腐弄碎后放入碗中，和鸡肉泥均匀搅拌，接着加入15毫升高汤、5克盐及蛋白，搅匀和成浆状。

3 起油锅，下西红柿丁和豌豆，再加入料酒呛一下，接着加入高汤和盐。

4 用小勺将鸡肉豆腐泥做成珍珠大小的圆形小丸子，放入锅内。

5 等煮开后，加入水淀粉勾芡，洒上芝麻油即可。

火腿青豆玉米粥

材料（一人份）
火腿100克
玉米粒50克
青豆50克
葱30克
饭150克
盐5克
胡椒粉5克
芝麻油5毫升

做法

1 将火腿切丁；葱洗净、切末；青豆洗净。

2 起一锅水，加入火腿丁、玉米粒、青豆及饭一起熬煮，待沸腾后，转小火继续熬煮至米粥稠烂。

3 待米粥呈现稠状，放入盐、胡椒粉搅拌均匀。

4 起锅前，均匀洒上芝麻油，并放入葱末搅拌均匀即可盛盘食用。

扫一扫，轻松学 ┄┄┄┄┄┄▶

木瓜炖鱼

材料（一人份）

青木瓜1/4个
鲈鱼1条
盐10克

做法

1 将青木瓜洗净，去籽后切块；鲈鱼洗净，切块。

2 取汤锅，加入800毫升清水和青木瓜块，以大火煮滚之后，再转小火炖煮1小时。

3 待木瓜煮至软烂，再放入鲈鱼块，一起熬煮至鱼块熟透。

4 最后在起锅前加入盐调味即可。

茭白鲈鱼汤

材料（一人份）

茭白200克　　鲈鱼250克　　西红柿100克
木耳50克　　葱段10克　　生姜片3片　　食用油
5毫升　　米酒15毫升　　盐5克

做法

1 鲈鱼洗净，仔细擦干鱼身水分。

2 茭白去皮，切滚刀块；西红柿和木耳分别洗净，切块。

3 热油锅，放入鲈鱼煎至两面金黄，接着下葱段、生姜片略炒，再放入茭白、西红柿和木耳拌炒均匀。

4 倒入500毫升清水及米酒，大火煮滚后，盖上锅盖以小火慢炖15分钟。

5 起锅前加入盐即可。

低脂罗宋汤

材料（一人份）

牛腩100克　　土豆100克　　西芹1根
胡萝卜50克　　西红柿100克　　番茄酱15克
料酒5毫升　　盐5克

做法

1 将牛腩、土豆、西芹、胡萝卜及西红柿均切成丁。

2 土豆和胡萝卜放入蒸锅蒸熟；牛腩放入滚水中，加入料酒一起汆烫，捞出。

3 汤锅中倒入500毫升清水烧开，放入牛腩、西红柿、土豆、胡萝卜、盐和番茄酱，小火炖煮30分钟。

4 最后加入西芹，煮至食材熟透即可。

寿喜烧

材料（一人份）

牛肉片100克　　豆腐80克　　娃娃菜80克　　芋头30克　　白萝卜50克
鲜香菇25克　　蛋饺50克　　葱段20克
白糖45克　　日本酱油100毫升　　料酒50毫升　　鸡蛋1个

做法

1 取小碗，放进日本酱油、料酒、白糖和50毫升清水，搅匀成酱汁。

2 将葱段、芋头、白萝卜及香菇放入锅中略炒后，倒入酱汁同煮入味。

3 接着加入豆腐、娃娃菜、蛋饺，煮至芋头及萝卜软烂。

4 最后加入牛肉片、打入鸡蛋，煮至肉片熟后即可。

三鲜冬瓜

材料（一人份）

冬瓜200克　　海带30克　　干虾米15克
盐5克　　食用油5毫升　　葱花10克

做法

1 冬瓜洗净、去皮，切片。

2 干虾米和海带分别洗净后，浸泡热开水30分钟。

3 待海带泡软，将海带切粗丝备用。

4 热油锅，先放入虾米和葱花爆香，再加入冬瓜片和海带丝一起翻炒。

5 加入盐调味，翻炒均匀至冬瓜熟软即可。

肉末四季豆

part
2

材料（一人份）

四季豆150克　　猪肉末50克　　姜末5克
蒜末5克　　葱花5克　　酱油15毫升
豆瓣酱15克　　白糖5克　　芝麻油5毫升
食用油适量

做法

1　将四季豆撕除筋、去两头，洗净后切成
　　1指长大小，过油备用。

2　起油锅、烧热，先爆香姜末、蒜末，接
　　着放入猪肉末、酱油、豆瓣酱和白糖，
　　一起翻炒。

3　炒香后放入四季豆炒匀，再撒上葱花。

4　盛盘后，淋上芝麻油即可。

香菇豆腐

材料（一人份）

豆腐300克
香菇3朵
榨菜30克
酱油30毫升
白糖10克
芝麻油5毫升
生粉15克

做法

1　豆腐切成四方小块，中间挖空。

2　将香菇泡软，再取出和榨菜分别剁碎，接
　　着加入白糖和生粉拌匀成馅。

3　将馅镶入豆腐中心，摆在碟上蒸熟。

4　最后淋上芝麻油和酱油即可食用。

牛肉西红柿汤 45 MIN

材料（一人份）

牛腩200克　西红柿100克　牛奶200毫升　土豆150克　娃娃菜50克　奶油20克　番茄酱15克　盐5克

做法

1 牛腩切块，放入滚水中汆烫去血水；西红柿焯烫，取出剥皮、切小块。

2 娃娃菜洗净，对切；土豆去皮、切块，蒸熟备用。

3 汤锅中放入牛腩、牛奶、土豆、西红柿、娃娃菜和奶油，烧开后捞去浮沫、转小火，炖煮30分钟。

4 放入番茄酱，转大火加热10分钟后，加盐调味即可。

生化粥 70 MIN

材料（一人份）

桃仁9克　当归24克　川芎9克　生姜5克　甘草2克　白米50克　红糖20克

做法

1 白米洗净，放清水中浸泡30分钟。

2 桃仁、当归、川芎、生姜和甘草加入适量清水中，小火煮30分钟，滤去药材，取汁。

3 取汤锅，将泡好的白米加入熬好的药汁熬煮至米碎裂，成稀粥状。

4 最后加入红糖搅匀，趁温热食用。

豆腐皮粥 50 MIN

材料（一人份）

豆腐皮30克
白米150克
冰糖10克

做法

1 将豆腐皮洗净，切成丝；白米洗净，放清水中浸泡30分钟。

2 取汤锅，将泡好的白米加入适量水熬煮至米碎裂，再加入豆腐皮丝，继续熬煮至食材熟透。

3 最后加入冰糖搅匀即可。

胡萝卜小米粥

材料（一人份）
胡萝卜100克
小米30克

做法

1 将小米洗净，浸泡清水中30分钟备用。

2 胡萝卜洗净，去皮、切丝。

3 取汤锅，放入胡萝卜丝和小米，以及300毫升清水，大火煮开。

4 接着转小火，盖上锅盖，续煮至汤汁浓稠成粥即可。

益母草粥

材料（一人份）
益母草50克
白米粥150克
红糖20克

做法

1 将益母草洗净。

2 取汤锅，放入益母草及450毫升清水，以中火煮30分钟。

3 熬成汤汁后，捞出残渣，汤汁备用。

4 将白米粥加入汤汁中，以小火熬煮，直至粥成黏稠状，最后加入红糖搅拌均匀即可。

百合鲜蔬炒虾仁

材料（一人份）

虾仁100克
百合10克
西芹50克
胡萝卜50克
荷兰豆50克
蒜末5克
生粉15克
蛋白5克
米酒2毫升
盐3克
食用油适量

做法

1 虾仁洗净、去肠泥，加入
10克生粉、1克盐、蛋白
以及米酒拌匀，腌渍10分
钟；剩余生粉加水调成水
淀粉。

2 西芹洗净、切斜刀片；胡
萝卜洗净，切薄片；百合
洗净，剥成片状；荷兰豆
洗净，去蒂头。

3 热油锅，爆香蒜末，放入
西芹、荷兰豆、胡萝卜、
虾仁拌炒均匀，再加入少
许水、2克盐和百合拌炒一
下，起锅前用水淀粉勾芡
即完成。

扫一扫，轻松学 ┈┈┈┈┈

海带猪蹄汤

材料（一人份）
猪蹄1个
干海带100克
葱段10克
生姜片3片
枸杞5克
料酒15毫升
盐10克

做法

1 将猪蹄从中间一切为二，再斩成大块。

2 干海带泡水备用。

3 水煮沸后加入猪蹄及5克盐汆烫，再捞出猪蹄并将水分沥干。

4 煲锅中的水煮沸后，放入葱段、生姜片、海带和猪蹄，接着加入盐、料酒及枸杞，盖上锅盖焖煮25分钟，待猪蹄软烂即可。

菜心煨猪蹄

材料（一人份）
油麦菜心150克
猪蹄1个
葱段10克
盐5克

做法

1 油麦菜心去皮、洗净，切成条状。

2 猪蹄去毛、洗净，切成小块后汆烫去腥，备用。

3 将葱段、油麦菜心和猪蹄放进热水中，用大火烧沸后，盖上锅盖，转小火熬至猪蹄熟烂。

4 最后再加入盐调味即可。

生化汤  40 MIN

材料（一人份）
炙甘草2克
川芎6克
当归10克
桃仁10颗
炮姜3克

做法

1 将所有药材放在流动的水下冲洗5分钟。

2 将药材放入砂锅中，加700毫升的水，煮滚后盖上锅盖，约煮15分钟，至药汁剩下1/3的分量，倒出药汁。

3 煮过1次的药材中再加入500毫升的水，煮滚后盖上锅盖，约煮10分钟，至药汁剩下1/2的分量，倒出药汁。

4 将2次炼出的药汁混合即完成。

扫一扫，轻松学 ┈┈┈┈┈┈

金黄素排骨

材料（一人份）

油条1根　　大黄瓜50克　　胡萝卜25克
鸡蛋1个　　面粉15克　　番茄酱15克
白糖2克　　盐5克　　醋2毫升
水淀粉5毫升　　食用油适量

做法

1 油条切3厘米长；胡萝卜洗净、去皮，切1厘米长；黄瓜洗净，切滚刀块。

2 鸡蛋打散，加入面粉，调成糊状备用。

3 将胡萝卜条穿入油条，再裹上面糊，放入油锅炸至金黄，捞出、沥干油。

4 热锅，加入番茄酱、白糖、盐、醋及50毫升清水，烧开，再倒入炸好的油条和黄瓜块炒匀。

5 加入水淀粉勾芡即可。

娃娃菜豆腐奶白汤

材料（一人份）

豆腐150克　　娃娃菜50克　　粉丝20克
干贝10克　　虾米20克
白胡椒粉5克　　食用油10克
料酒5毫升　　盐5克　　芝麻油5毫升

做法

1 娃娃菜对切；干贝、虾米用水洗净，浸泡备用。

2 热油锅，放入虾米炒出香味，接着下豆腐煎至微黄，再下娃娃菜翻炒。

3 炒至娃娃菜软后，加入白胡椒粉、盐、料酒翻炒均匀。

4 将炒好的娃娃菜和豆腐放入300毫升滚水中，再放入干贝与泡干贝的水。

5 盖上锅盖，以中火炖煮15分钟，接着放入泡软的粉丝，再炖煮5分钟。

6 最后淋上芝麻油即可。

三菇烩丝瓜

材料（一人份）

丝瓜150克　鸡腿菇50克　香菇50克　草菇50克　蒜片10克　葱末10克　盐5克　芝麻油5毫升　白糖2克　胡椒粉5克　水淀粉5毫升　食用油适量

做法

1. 丝瓜去皮，切块；香菇泡入100毫升温水，一开四；草菇一开二；鸡腿菇切滚刀块；香菇水留置备用。

2. 热油锅，下蒜片、葱末爆香，再放入鸡腿菇、香菇和草菇炒出香味。

3. 放入丝瓜块跟香菇水煮开，接着加入盐、白糖、胡椒粉调味，再盖上锅盖，焖煮10分钟。

4. 最后以水淀粉勾芡、淋上芝麻油，炒匀即可。

清蒸茄段

材料（一人份）

茄子200克　盐5克　芝麻油5毫升　蒜泥10克　酱油15毫升　乌醋10毫升　葱花10克

做法

1. 茄子对剖，切成长段，皮朝下放入碗中，再放入蒸锅中，大火蒸熟。

2. 取一碗，将蒜泥、酱油、乌醋、盐和芝麻油拌匀，调成酱料。

3. 取出茄子，沥干水分后，淋上酱料、撒上葱花即可食用。

腊肉南瓜汤

材料（一人份）

腊肉片100克　南瓜200克　莲藕片50克　洋葱末30克　盐10克　食用油5毫升　料酒15毫升

做法

1. 将腊肉过沸水稍微汆烫，去盐分。

2. 南瓜洗净、切开，去籽后切成块。

3. 油烧热，放入洋葱末爆香，再放入腊肉片炒匀，接着调入料酒、倒入500毫升清水。

4. 待煮沸，放入南瓜块及莲藕片，煮至南瓜熟软，加入盐调味即可。

西蓝花炒磨菇

材料（一人份）

西蓝花100克　蘑菇50克　腊肉30克
料酒5毫升　姜片3片　葱花10克
盐5克　白糖2克　胡椒粉5克
色拉油5毫升

做法

1 将西蓝花洗净，除去过粗纤维后切小块；腊肉洗净后切片，和西蓝花分别过水氽烫。

2 蘑菇洗净，一开四备用。

3 热油锅，先放入腊肉片、姜片一起拌炒，再放料酒，炒至腊肉变色。

4 再放入西蓝花、蘑菇、盐、白糖、胡椒粉及葱花一起拌炒，炒至西蓝花软熟即可。

排骨萝卜汤

材料（一人份）

猪小排150克
白萝卜50克
盐5克
醋5毫升
葱段20克
姜片3片

做法

1 猪小排洗净、切块，过滚水氽烫去血水后，放入砂锅中。

2 白萝卜洗净、去皮，切滚刀块。

3 砂锅中加入500毫升清水和醋，大火煮开后，再放入姜片和葱段。

4 接着加入白萝卜、盖上锅盖，转小火炖煮1小时。

5 待猪小排煮烂后，加入盐调味即可。

鱼丸粉丝菠菜汤

材料（一人份）

菠菜100克　　鱼丸50克　　粉丝30克
葱花10克　　盐5克

做法

1　菠菜洗净，切段。

2　取汤锅，注入300毫升清水，以大火煮沸后，再加入鱼丸。

3　待鱼丸煮熟浮起后，再放入菠菜和粉丝。

4　加入盐调味，煮至粉丝熟软后即可出锅。

5　最后撒上葱花即可。

虾皮烧菜心

材料（一人份）

青菜心150克　　笋50克　　虾皮10克
料酒15毫升　　盐5克　　食用油5毫升

做法

1　将菜心洗净，切成均匀的长条状。

2　笋洗净、切片；虾皮泡发后洗净。

3　起油锅，烧至六成热，先倒进菜心翻炒1分钟。

4　放入笋片、虾皮，略为翻炒过后，再放入料酒、50毫升清水及盐。

5　盖上锅盖，转中火续煮5分钟，待菜肴熟烂即可。

冬笋雪菜鲈鱼汤

材料（一人份）

冬笋30克　　雪菜30克　　五花肉30克　　鲈鱼1/2
条　　葱段10克　　生姜片3片　　色拉油5毫升
料酒5毫升　　胡椒粉5克　　盐5克　　芝麻油5毫升

做法

1　鲈鱼去鳞、清除内脏，洗净。

2　冬笋发好、焯烫后洗净、切片；雪菜洗净，切碎；五花肉洗净，切片。

3　起油锅、烧热，放入鲈鱼煎至两面金黄，再放入姜片、冬笋、雪菜、五花肉和葱段，大火拌炒。

4　加入500毫升清水，焖煮15分钟，再转大火，放入料酒、胡椒粉、盐和芝麻油，再次煮沸即可。

山药水果荷包蛋

材料（一人份）
鸡蛋1个
紫山药100克
苹果50克

做法

1 山药、苹果分别去皮、切丁，并将苹果丁泡薄盐水防止变色，备用。

2 取汤锅煮水，再放入山药丁，待水开后稍微再煮3分钟。

3 接着将鸡蛋打进锅里，待蛋熟后加入苹果丁，稍微煮1分钟后即可起锅。

木瓜白果鸡肉汤

材料（一人份）
青木瓜1/2个
白果10克
带骨鸡肉块100克
枸杞10克
盐5克
姜片3片

做法

1 鸡肉氽烫去血水；青木瓜去皮、去籽，切块；白果去壳，洗净备用。

2 将青木瓜、白果、鸡块、枸杞、姜片放入煲锅中，加入清水淹过食材，以大火煮开后，加上锅盖，转小火。

3 炖煮1小时后，加入盐调味即可。

冬菇煨鸡

材料（一人份）

鲜冬菇100克　　土鸡500克　　甜椒20克
生姜片3片　　蒜苗段10克　　食用油5毫升
白糖2克　　蚝油15克　　酱油10毫升
生粉15克　　芝麻油5毫升

做法

1 将鲜冬菇洗净，一开四备用。

2 甜椒去白膜，和土鸡分别切块。

3 土鸡加5毫升酱油和生粉腌渍，接着烧热锅，
下食用油和芝麻油，放入鸡块煎至表皮焦黄。

4 接着放入冬菇、姜片、蒜苗段、白糖、蚝油、
酱油和15毫升清水，用小火煨至鸡肉入味。

5 最后加入甜椒块，拌炒均匀即可。

山药南瓜粥

材料（一人份）

山药100克　　南瓜100克　　红枣8颗
黑糖10克　　白米粥300克

做法

1 山药去皮、洗净，切成块状后放入
盐水浸泡一下，捞出后氽烫。

2 南瓜去皮、切块，红枣洗净、去核。

3 将山药和南瓜，放入200毫升清水
中焖煮15分钟，再加入白米粥和
红枣一起熬煮。

4 煮至南瓜软烂，再加入黑糖拌匀即
完成。

大虾炖豆腐

材料（一人份）

明虾150克　　豆腐150克　　盐10克　　胡椒粉5克
料酒10毫升　　姜片3片　　大葱10克　　青葱10克

做法

1 明虾剪去须、洗净，开背后去肠泥。

2 豆腐切条状；大葱洗净，切段；青葱洗净，
切成葱花。

3 烧一锅开水、加入5克盐和料酒，再放入明虾
和豆腐氽烫。

4 锅中加入50毫升清水烧开，接着放入明虾、
豆腐、料酒、姜片和葱段，用大火再次烧开。

5 拣去葱段和姜片，撒入盐、胡椒粉和葱花即可。

芥蓝炒虾仁

材料（一人份）
芥蓝100克
虾仁50克
蒜片10克
芝麻油5毫升
米酒10毫升
盐10克
色拉油适量

做法

1 芥蓝洗净、切段，过滚水氽烫备用。

2 虾仁挑去肠泥，以5毫升米酒和盐腌一下，过油。

3 起油锅，先放入蒜片爆香，再加入芥蓝一起翻炒。

4 接着放入虾仁、盐及米酒一起翻炒。

5 待虾仁和芥蓝熟透，加入芝麻油炒匀即可起锅。

清炒上海青

材料（一人份）
上海青150克　　红椒10克　　黄椒10克
生姜丝5克　　葱丝5克　　香菜3克
盐5克　　色拉油5毫升　　米酒5毫升

做法

1 将上海青洗净，切段。

2 红椒、黄椒洗净，分别切丝备用。

3 热油锅，先爆香生姜丝和葱丝，再放入上海青一起拌炒。

4 接着放入红椒丝及黄椒丝略炒，最后加入盐、米酒，炒匀。

5 起锅前撒上香菜即可。

姜丝炒水莲 ⏱ 25 MIN

材料（一人份）
水莲300克
姜20克
红甜椒10克
色拉油20毫升
盐5克

做法

1 水莲洗净后切段；姜切丝备用。

2 先热油，爆香姜丝，再加入水莲翻炒熟。

3 最后放入红甜椒丝、盐来回翻炒均匀，即可起锅食用。

扫一扫，轻松学 ┄┄┄┄┄>

干贝汤 35 MIN

材料（一人份）

干贝30克　　粉丝50克　　葱1/4根
胡萝卜25克　　青豆10个　　盐5克
料酒5毫升　　食用油5毫升

做法

1 干贝以温水泡发，干贝水留着备用。

2 粉丝泡软，切成10厘米长段；葱与胡萝卜分别洗净、切丝。

3 青豆过滚水焯烫，捞出沥干。

4 起油锅，放入青豆炒香，再放入葱丝、干贝和泡过干贝的水，大火烧沸。

5 接着加入胡萝卜丝和料酒、盖上锅盖，再次煮滚后，加入粉丝和盐即可。

鲜虾西芹 25 MIN

材料（一人份）

草虾140克　　西芹50克　　红辣椒10克
盐5克　　生粉15克　　胡椒粉5克
姜末10克　　柠檬汁5毫升　　白糖2克
淡色酱油15毫升　　食用油适量

做法

1 虾开背后去肠泥，洗净、沥干，加入盐、胡椒粉、生粉抓匀。

2 西芹洗净，切斜刀块；辣椒洗净，切片。

3 取一碗，放入柠檬汁、白糖、淡色酱油和15毫升水，调成酱汁。

4 起油锅、烧热，将虾炸至红色，捞出。

5 锅底留油，放入姜末、辣椒片和西芹炒香，再加入虾及酱汁，翻炒几下即可。

香菇黄豆粥 45 MIN

材料（一人份）
干香菇20克
黄豆40克
白饭150克
食用油适量
盐5克
胡椒5克

做法

1 干香菇洗净、泡水至软后，切丝；黄豆泡水备用。

2 黄豆放入电锅蒸熟备用。

3 起油锅，爆香香菇丝后，捞起备用。

4 白饭加800毫升水熬煮至沸腾，再下黄豆、香菇丝一起熬煮。

5 米粥呈现稠状后，撒上盐、胡椒搅拌均匀，即可起锅食用。

扫一扫，轻松学 ··········

凉拌西蓝花

材料（一人份）

西蓝花80克
芝麻15克
盐10克
橄榄油5毫升
醋5毫升
白糖5克

做法

1 取一锅，放入芝麻干煎至香气传出，便可盛盘备用。

2 西蓝花洗净后切小朵。

3 起水锅，放入西蓝花焯烫至熟透，捞起沥干备用。

4 取小碗，放入盐、橄榄油、醋及白糖，搅拌均匀，再放入芝麻拌匀，制成酱汁。

5 将制作好的酱汁淋上焯烫好的西蓝花，即可食用。

姜丝小白菜

材料（一人份）

小白菜120克
姜20克
橄榄油5毫升
盐5克

做法

1 小白菜洗净、去根部后，切成适口长段；姜洗净，切丝。

2 起油锅，放入切好的姜丝爆香，炒至香味传出。

3 放入小白菜一起拌炒，待小白菜炒至熟透，放入盐拌炒均匀，即可起锅食用。

part 3

产后第二周
精选食谱

产后第二周恶露已经排净，在这个阶段，妈妈们应该着重骨盆腔及子宫的收缩，饮食要以促进新陈代谢为目标，才能使体力早日恢复，尽快恢复到平日的身体状况。由于这个时期妈妈们的身体尚未完全恢复，因此饮食仍应避免太过冰冷或燥热的食物。

产后第二周体质变化

产后第二周，虽然恶露已经排净，产后身体处于多瘀的情况已获改善，但是大部分的妈妈们气血仍未恢复，体质上仍是偏虚的状态。

至于肠胃的部分，虽然已逐渐在恢复，但还是无法和孕前的状态相比，妈妈们需要拥有足够的调养与休息，才能复原到平日的状态。

在这个阶段，原先被胎宝宝撑大的子宫会逐渐变小，并且降到骨盆腔里，重量为400至600克。妈妈们可以搭配按摩，借助重复而规律的子宫按摩，让子宫收缩及恢复更加顺利，通常这个阶段在子宫下腹会有一颗棒球大小的硬块，妈妈们可沿顺时针方向来做按摩。

另一方面，产后第二周是乳腺炎的好发时期，显著症状常有高热，发寒，乳房红、热、肿、痛及充血等，并多半只有单侧乳房受感染。

妈妈们应该使用正确的方式挤奶，并用热敷保持乳腺畅通，防止乳腺管堵塞，演变为乳腺炎。部分妈妈认为奶水分泌过少，没有达到预期理想，可以通过饮食来帮忙催乳，青木瓜、丝瓜及金针菇等食物都是很好的催乳食材。同时应避免食用人参、韭菜及麦芽糖等退奶食材，以免造成乳汁减少或抑制乳汁分泌。

产后第二周，妈妈们的情绪及身体都有明显好转，也逐渐适应产后的生活规律，整个情况都在好转中。

产后第二周饮食调理重点

产后第二周，饮食重点在于恢复体力、温补气血、促进新陈代谢，饮食可适量补充高蛋白食物及新鲜蔬果，以加速身体复原及促进乳汁分泌，若伤口已复原，便能开始食用芝麻油及加酒料理。

在伤口复原方面，自然产妈妈因为会阴部伤口、剖宫产妈妈因为腹部伤口的疼痛，运动量常常不足，容易造成肠胃蠕动变慢，甚至演变为便秘。

蔬菜和水果富含维生素、矿物质和膳食纤维，可促进肠胃道功能的恢复，特别是可以预防便秘，所以此周妈妈们可以逐渐地增加蔬菜及水果的分量。

另外，剖宫产妈妈在产后第二周，除了与自然产妈妈一样，注重收缩子宫与骨盆腔、腰骨复原、骨盆腔复旧，促进新陈代谢，预防腰酸背痛，还需注意伤口的复原与调养，才能顺利恢复到生产前的苗条身材。

产后第二周，妈妈们的身体仍然有些虚弱，应掌握几个饮食重点，不吃毒性、高盐、人工添加物过量以及太过冰冷或燥热的食物。

这个阶段妈妈们的身体还在恢复期，若是食用太多的人工添加物，不仅会使恢复迟缓，还可能对身体造成负担。过于冰冷或燥热的食物则可能影响子宫的收缩，造成子宫恢复的延迟，这些都是在产后第二周饮食应该避免的部分。

山药南瓜肉松羹

材料（一人份）

南瓜100克
山药100克
肉松20克
鸡蛋1个
水淀粉15克
香菜10克
葱花10克
盐5克

做法

1 将一半的南瓜去皮、切薄片，放入锅中蒸至熟软，取出压成泥。

2 剩下一半的南瓜切丁；山药切丁；鸡蛋打散成蛋液备用。

3 南瓜丁和山药丁放入300毫升沸水中煮，加入南瓜泥搅拌，再加入盐调味。

4 待南瓜丁熟软，接着倒入水淀粉勾芡后，加入蛋液煮成蛋花。

5 起锅前加入葱花、香菜和肉松即可。

营养小叮咛 ·······················

南瓜味甘性温，富含膳食纤维，能增加食欲、补中益气、消炎止痛、解毒、利尿和促进骨骼发育，和补益药膳食材的山药一起熬煮，可润肠通便、预防便秘、改善肠道功能。

排骨鲍鱼菇粥

25 MIN

材料（一人份）

排骨100克
鲍鱼菇80克
枸杞10克
葱花30克
饭150克
姜2片
盐10克
胡椒粉5克
芝麻油5毫升
米酒5毫升

做法

1 排骨洗净、切小段，用5克盐、米酒均匀抓腌；枸杞洗净后，加水泡发；鲍鱼菇洗净后切片。

2 起一锅热水，放入排骨汆烫去血水，捞起沥干备用。

3 另起一锅水，放入鲍鱼菇、姜片、排骨及饭一起熬煮至稠状。

4 待呈现稠状后，撒上枸杞、盐、胡椒粉及芝麻油搅拌均匀，最后撒上葱花，即可起锅食用。

扫一扫，轻松学

上海青香菇汤

20 MIN

材料（一人份）
上海青150克
干香菇20克
火腿40克
盐5克
米酒5毫升

做法

1 将上海青洗净，去头，一切为二；火腿切成条状，备用。

2 香菇洗净去蒂头后，一开四，取一碗温水浸泡，香菇水留置备用。

3 热锅，先干煎火腿，再将盐、香菇和香菇水放入锅中，煮至香菇熟软，接着下上海青一起熬煮。

4 待煮至上海青翠绿，淋入米酒，搅拌均匀即可。

归芪鲈鱼汤

90 MIN

材料（一人份）
当归20克　　鲈鱼1/2条　　枸杞10克　　黄芪20克　　生姜丝10克　　盐10克　　料酒5毫升

做法

1 鲈鱼洗净，拭干水分，在鱼背处横切一刀，再将5克盐均匀抹在鱼身，腌渍15分钟。

2 当归洗净，切片；枸杞和黄芪洗净，沥干。

3 将当归、枸杞、黄芪、料酒和800毫升清水用大火煮沸，再转小火炖煮25分钟。

4 鱼腹塞入生姜丝，和熬好的药汤一起放入汤锅，以大火煮沸后，改小火炖煮35分钟。

5 最后再加入盐调味即可。

川七乌骨鸡汤 40 MIN

材料（一人份）

乌骨鸡1000克　红枣10颗　陈皮8克
川七15克　盐5克

做法

1 乌骨鸡洗净、切块，氽烫去杂质，备用。

2 将乌骨鸡块、红枣及陈皮放入锅中，加入淹过食材的清水，大火煮开。

3 接着捞去浮沫，再加入川七，盖上锅盖，以小火一起炖煮。

4 待鸡肉煮至熟烂后，加入盐调味即可起锅。

香菜鸡蛋汤 25 MIN

材料（一人份）

鸡蛋2个　香菜20克　盐5克
芝麻油5毫升　白胡椒粉5克　食用油5毫升

做法

1 鸡蛋打散；香菜洗净，切段。

2 起油锅，将蛋液倒入后煎成蛋皮，用锅铲切成小块。

3 倒入300毫升清水，煮开后关火。

4 最后撒入香菜，再加芝麻油、白胡椒粉和盐调味即可。

炸酱面 20 MIN

材料（一人份）

粗面80克　绞肉100克　小黄瓜1条　蒜末5克
姜末5克　食用油10毫升　甜面酱15克　豆瓣酱15克　米酒15毫升　白糖5克

做法

1 小黄瓜洗净、切丝，泡冰开水冰镇；面条加盐氽烫后，捞起盛盘备用。

2 下5毫升油爆香蒜末与姜末，加入甜面酱、豆瓣酱、米酒、白糖与一碗水，大火熬煮至沸腾。

3 以5毫升油炒香绞肉，待两面呈现熟色，放入做法2的食材中熬煮入味，转小火让酱汁略为收汁。

4 在面条上淋上酱汁，铺上小黄瓜丝即可食用。

素香茄子

材料（一人份）

茄子150克　　辣椒20克　　生姜末10克
素碎肉50克　　豆瓣酱30克　　盐15克
米酒15毫升　　白糖15克　　色拉油适量

做法

1 茄子洗净，切滚刀块；辣椒切末。

2 茄子块入热油锅中过油，略炸1分钟。

3 另起油锅，放入辣椒末、生姜末、豆瓣酱、盐、米酒、白糖及素碎肉，一同翻炒，炒出香味。

4 最后再放入茄子块和100毫升清水，焖煮至熟即可。

蛋黄炒南瓜

材料（一人份）

南瓜200克
咸鸭蛋黄2个
色拉油15毫升
盐5克
葱花10克

做法

1 南瓜洗净、去皮和籽，切成厚片。

2 取一碗，将咸鸭蛋黄捣碎。

3 起油锅，待六成热时，放入咸鸭蛋黄碎不停拌炒，炒至蛋黄冒泡。

4 接着放入南瓜片、盐，拌炒匀。

5 最后加入葱花翻炒，至食材熟即可。

香芋排骨紫米粥

材料（一人份）
芋头100克
排骨100克
葱花30克
紫米80克
姜2片
盐5克
胡椒粉5克
芝麻油10毫升
米酒10毫升

做法

1　紫米浸泡数小时；排骨切小段，用米酒、盐均匀抓腌；芋头切丁。

2　起一锅水，加入紫米熬煮至沸腾，再放入芋头丁、姜片一起熬煮。

3　排骨用米酒和盐抓腌后，另起锅热水，放入排骨汆烫去血水，再捞起放进做法2的锅中一起熬煮。

4　待芋头熟软后，撒上盐及胡椒粉搅拌均匀，最后撒上葱花及芝麻油即可。

扫一扫，轻松学 ………………

鱼头粉丝冬笋汤

材料（一人份）

嫩豆腐100克　鲈鱼头1个　冬笋60克
粉丝50克　醋5毫升　生姜片3片
盐5克　葱段10克　黑糖2克
胡椒粉5克　香菜段10克
米酒5毫升　食用油5毫升

做法

1 将鱼头洗净，剖半后再剁成几块，用纸巾拭去水分。

2 豆腐切厚片；冬笋洗净，切片。

3 热油锅，将鱼头煎至表面略显微黄，接着加入姜片爆香，再加入清水，以大火烧开。

4 放入豆腐、粉丝和笋片、米酒和醋，盖上锅盖炖20分钟。

5 烧至汤呈奶白色，放入葱段、香菜段，再调入盐和黑糖、胡椒粉即可。

西红柿蔬菜汤

30 MIN

材料（一人份）

西红柿100克　土豆50克　胡萝卜30克
西蓝花30克　洋葱30克　玉米粒20克
食用油5毫升　盐5克　黑胡椒5克
白糖2克

做法

1 土豆和胡萝卜分别洗净、去皮，切滚刀块。

2 西蓝花洗净，切小朵；洋葱切碎。

3 西红柿洗净、焯烫去皮，切块，放入榨汁机中打成泥。

4 热油锅，放入洋葱碎、西红柿泥和白糖，炒匀后加入300毫升清水。

5 煮沸后，倒入土豆、胡萝卜、玉米粒、西蓝花，煮2分钟，再加入盐、黑胡椒，搅匀即可。

双虾通草丝瓜汤 30 MIN

材料（一人份）

虾2只　通草6克　丝瓜30克　食用油5毫升
葱段10克　姜丝10克　盐5克

做法

1 将通草和虾分别洗净，虾挑出肠泥。

2 丝瓜洗净，去皮、切片。

3 热油锅，加入葱段和姜丝爆香，接着放入虾、丝瓜一同拌炒。

4 倒入300毫升水，放入通草，小火煮至丝瓜熟透。

5 最后加入盐调味即可。

牛肉炒西蓝花 25 MIN

材料（一人份）

西蓝花100克　牛里脊肉80克
培根50克　盐5克　蒜末10克
色拉油5毫升

做法

1 西蓝花洗净、撕小朵，放入煮沸的盐水中余烫后，捞出沥干。

2 牛肉洗净，切丝；培根切一指宽。

3 起油锅，放入牛肉炒至八分熟，起锅备用。

4 留锅底油，加入蒜末和培根拌炒，煎至培根微焦，再放入牛肉和西蓝花翻炒2分钟。

5 加入盐炒匀，至西蓝花熟透即可。

当归羊肉煲 70 MIN

材料（一人份）

当归15克　羊肉300克　料酒15毫升　葱花10克　生姜片3片　盐5克

做法

1 羊肉洗净、切成小块，煮一锅滚水，将之余烫去腥，捞出备用；当归洗净，切片。

2 将当归、羊肉、料酒和生姜片放入砂锅中，加入500毫升水，大火煮沸。

3 再转中小火，盖上锅盖炖煮50分钟。

4 待汤成奶白色时，加入盐调味、撒上葱花即可。

虾仁丝瓜

材料（一人份）

虾仁80克　　丝瓜200克　　胡椒粉10克
生粉15克　　米酒10毫升　　葱段10克
生姜丝10克　　蒜片10克　　红辣椒10克
盐10克　　食用油5毫升

做法

1　虾仁加入5克盐、米酒、胡椒粉和生粉，拌匀备用。

2　丝瓜去皮，切滚刀块；辣椒去籽，切丝。

3　热油锅，爆香生姜丝、蒜片和葱段，先放入虾仁略炒，再放入丝瓜大火快炒。

4　加入50毫升的清水，煨煮2分钟，再放入胡椒粉、盐及辣椒丝，盖上锅盖煮1分钟。

5　加入米酒炒匀，即可起锅。

干贝乌骨鸡汤

材料（一人份）

乌骨鸡1000克
当归20克
桂圆肉20克
生干贝4颗
盐5克
生姜片3片

做法

1　生干贝放入清水中泡开。

2　乌骨鸡洗净、切小块，氽烫去血水后捞出备用。

3　将鸡肉、当归、桂圆肉、干贝及生姜片一起放入锅中，加入淹过食材量的清水，大火煮开。

4　待水滚，转小火续炖至乌骨鸡熟烂，再加入盐调味即可。

苦瓜镶豆腐  35 MIN

材料（一人份）
苦瓜200克
豆腐100克
桂圆肉20克
白糖5克
盐5克
生粉5克

做法

1 苦瓜洗净后，切段、挖籽。

2 豆腐压泥后，加入盐、白糖拌匀备用。

3 往苦瓜圈内围抹上生粉，放入做法2的豆腐馅。

4 最后，将食材放入电锅蒸熟，即可食用。

扫一扫，轻松学 ··········

白果鸟梨鸡肉汤

材料（一人份）
白果10克
鸟梨1个
鸡肉块150克
姜片2片
葱段10克
盐5克

做法

1 将鸡肉块放入滚水中，汆烫去血水；鸟梨去皮、去核，切块；白果去壳、去心，备用。

2 将白果、鸟梨、鸡肉块、姜片和葱段一起放入炖盅中，隔水小火慢炖3小时。

3 最后放入盐调味即可。

猪肝汤

材料（一人份）
当归3克
猪肝80克
红花2克
肉桂2克
盐5克

做法

1 当归、红花、肉桂放入纱布袋，再放入砂锅中，加入500毫升清水，以小火熬煮40分钟后，去渣留汁。

2 将猪肝洗净，切片。

3 在药汁锅内放入猪肝片，煮至猪肝熟后，加入盐调味即可食用。

黄芪猪肝汤

材料（一人份）

猪肝60克　米酒70毫升　菠菜50克　当归4克
黄芪5克　生地黄5克　葱白段20克　生姜片3
片　芝麻油5毫升　盐5克

做法

1 将当归、黄芪、生地黄洗净后放入纱布袋中，加
600毫升水以及葱白段、生姜片，以大火熬煮30
分钟备用。

2 菠菜洗净，切段备用。

3 将纱布袋取出，放入菠菜煮开后，再放入猪肝，
加盐、米酒和芝麻油，续煮至猪肝熟嫩即可。

凉拌鲜虾米苔目

材料（一人份）

米苔目100克　虾4只
七味粉5克　柠檬汁10毫升
味醂10毫升　黑胡椒粒10克

做法

1 虾氽烫后，剥壳；米苔目盛盘
备用。

2 将虾整齐地摆在米苔目上方。

3 混合柠檬汁、味醂、黑胡椒粒，淋
在米苔目及虾上。

4 最后撒上七味粉即可。

糖醋黄鱼

材料（一人份）

黄鱼1条　胡萝卜50克　鲜笋50克　青豆50克
葱花10克　盐5克　食用油适量　白糖30克
醋30毫升　酱油15毫升　米酒15毫升　生粉15克

做法

1 黄鱼清除内脏、洗净，在背身划几刀，再抹上酱油
和米酒，腌渍30分钟；生粉加水调成水淀粉。

2 胡萝卜去皮、和鲜笋切成丁，再和青豆一起氽烫、捞出。

3 将黄鱼抹上生粉，放入热油锅中煎至两面金黄，沥
干油后放入盘中。

4 锅底留油，爆香葱花，倒入50毫升清水煮开，放入
盐、白糖、醋、笋丁、胡萝卜及青豆，煮熟。

5 最后以水淀粉勾芡，淋在黄鱼上即可。

咖喱烧土豆

 35 MIN

材料（一人份）

土豆1个　洋葱50克　白蘑菇5朵
鸡肉150克　咖喱酱30克　椰汁50毫升
食用油5毫升　盐5克

做法

1 土豆去皮、洗净，切丁后煮熟。

2 洋葱剥皮，切丁；白蘑菇洗净，切片；
鸡肉洗净，切块备用。

3 起油锅，烧至五成热，先放入鸡肉炒至
发白，再放入咖喱酱。

4 接着加入土豆、洋葱、白蘑菇炒匀，再
倒入椰汁搅拌均匀。

5 加入可淹过食材的清水，待煮滚后
加盖，以中火焖至酱汁收干。

6 最后加盐调味即可。

花生猪蹄汤

 150 MIN

材料（一人份）

生花生50克
猪蹄1000克
葱段20克
生姜片3片
盐5克
芝麻油5毫升
米酒15毫升

做法

1 猪蹄切块，加入盐，氽烫去血水备用。

2 将猪蹄、葱段、生姜片、花生与热水，
放进锅中，待汤汁快滚时，加入米酒。

3 接着盖上锅盖，小火焖煮2小时。

4 待猪蹄煮烂时，加入盐调味，再滴入芝麻
油即可。

葡萄干桂圆甜粥

材料（一人份）
葡萄干20克
桂圆干50克
饭150克
松子10克

做法

1 取一锅，放入松子干煎至
表面微焦，炒至香味传出
后，便可起锅备用。

2 起水锅，加入饭、葡萄干
及桂圆干一起熬煮，待
沸腾后，转小火继续熬煮
至米粥熟烂。

3 熬煮至香味传出、米粥呈
现稠状，即可盛盘，最后
均匀地撒上松子即可。

扫一扫，轻松学

枸杞生姜排骨汤

 55 MIN

材料（一人份）
枸杞5克
生姜片3片
排骨180克
土豆100克
葱段10克
盐5克
料酒15毫升

做法

1 枸杞洗净；土豆去皮，切块；排骨切块。

2 水煮沸后，将排骨放入汆烫，煮去血水，再捞出备用。

3 将排骨、枸杞、生姜片、土豆、葱段和料酒一起放入砂锅，加入适量清水。

4 待汤滚后，再盖上锅盖，以小火炖45分钟。

5 起锅前，加入盐调味即可。

黄豆芽炖排骨

 45 MIN

材料（一人份）
排骨块250克
黄豆芽100克
盐5克
生姜片3片
白胡椒5克

做法

1 黄豆芽洗净；将排骨块汆烫，去血水。

2 取汤锅，注入清水后，先将排骨和姜片放入锅中，炖煮30分钟。

3 待排骨软烂，再放入黄豆芽和白胡椒，拌匀后，略煮一下。

4 最后加入盐调味即可起锅。

乌骨鸡板栗枸杞汤 150 MIN

材料（一人份）

乌骨鸡500克　　板栗70克　　香菇50克　　葱段10克　　枸杞10克　　生姜片3片　　盐5克

做法

1 将香菇洗净后，切成四瓣。

2 板栗去壳，洗净备用。

3 乌骨鸡切块，放入滚水中汆烫去血水，再过凉水，冲洗干净。

4 取汤锅，注入500毫升清水烧开，放入乌骨鸡、香菇、板栗、葱段、枸杞和姜片，以大火再次烧开。

5 煮开后转小火，续炖2小时，再放入盐调味即可。

海带炖鸡 200 MIN

材料（一人份）

鸡1000克　　泡发海带200克　　料酒5毫升　　盐5克　　葱花10克　　生姜片3片　　花椒5克　　胡椒粉5克　　花生油5毫升

做法

1 鸡肉洗净、切块；海带洗净、切成菱形块，分别汆烫后捞出备用。

2 热油锅，放入鸡肉、葱花、姜片、花椒、胡椒粉、料酒和海带炒匀。

3 接着注入500毫升清水，大火煮滚后转小火炖2~3小时至鸡肉熟烂。

4 最后加入盐调味即可。

红枣猪蹄花生汤 320 MIN

材料（一人份）

红枣8颗　　猪蹄1000克　　花生50克　　黄芪10克　　当归8克　　盐5克　　米酒15毫升

做法

1 将猪蹄洗净、拔除细毛，切成块状后汆烫去杂质，备用。

2 花生浸泡于冷水中4小时，入锅煮至软。

3 将红枣、猪蹄、花生、黄芪、当归和米酒放入锅中，再加入热水盖过食材，慢炖1小时。

4 待猪蹄和花生熟软，再加入盐调味即可。

辣拌茄子

25 MIN

材料（一人份）
茄子200克
红辣椒10克
葱末10克
蒜泥10克
酱油15毫升
醋5毫升
芝麻油5毫升

做法

1 红辣椒洗净，去籽、切丝。

2 取小碗，放入酱油、醋、芝麻油拌匀成调味酱，备用。

3 茄子对半切开，皮朝下放入盘中，入锅蒸8分钟后取出放凉，用手撕成条状。

4 将茄子、红辣椒丝、葱末、蒜泥和调味酱一起拌匀至入味即可。

豌豆烧黄鱼

35 MIN

材料（一人份）
黄鱼1条　豌豆100克　大蒜20克　生姜20克　料酒5毫升　醋5毫升　酱油15毫升
盐10克　冰糖2克　生粉15克

做法

1 大蒜、生姜分别拍碎；豌豆洗净沥干备用。

2 在鱼肚中撒入5克盐、大蒜、生姜，再在鱼身上抹上生粉，腌渍片刻。

3 烧热油锅，放入黄鱼煎至八分熟后，再倒入豌豆炒熟。

4 接着放入料酒、醋、酱油和100毫升清水，并用大火煮开。

5 最后加入盐和冰糖调匀即可。

蔓越莓牛奶粥

材料（一人份）
牛奶500毫升
蔓越莓干50克
饭150克
冰糖5克

做法

1 取一锅，加入牛奶、蔓越莓干以及米饭一起熬煮，待沸腾后，转小火继续熬煮至米粥熟烂。

2 待米粥熬煮至稠状，再放入冰糖搅拌均匀，等到冰糖煮至完全溶化，即可起锅食用。

扫一扫，轻松学 ………………

三文鱼鲜蔬沙拉

材料（一人份）

三文鱼150克　　嫩黄瓜1根　　苹果100克
橘子2个　　生菜50克　　红甜椒40克
盐10克　　黑胡椒粒5克　　橄榄油10毫升
橘子汁15毫升　　沙拉酱15克

做法

1　三文鱼撒上黑胡椒粒、橄榄油及盐，腌渍10分钟，再放入蒸锅蒸熟。

2　将蒸熟的三文鱼取出，切成小块备用。

3　将黄瓜、苹果、红椒分别洗净，切成小块。

4　生菜放入冰水中浸泡15分钟后捞出，撕成小片。

5　将所有食材均匀混合，接着淋上橘子汁、挤上沙拉酱即可食用。

可乐鸡翅

材料（一人份）

鸡翅3个　　葱段10克　　生姜片3片　　丁香5克
八角1/2个　　花椒5克　　桂皮5克　　淡色酱油
15毫升　　可乐150毫升　　色拉油5毫升

做法

1　鸡翅汆烫2分钟后捞出，沥干备用。

2　锅中注油烧至四成热时，放入丁香、八角、花椒、桂皮、生姜片和葱段，再倒入鸡翅翻炒一下。

3　倒入15毫升清水和可乐、淡色酱油，盖上盖子，以中火焖煮3分钟。

4　待汤汁浓稠，将鸡翅拌炒均匀即可。

红绿豆瘦身粥

材料（一人份）
红豆100克
绿豆100克
山楂30克
红枣10个

做法

1 将红豆和绿豆洗净，放入清水中浸泡30分钟。

2 山楂、红枣分别洗净，红枣去核备用。

3 将红豆、绿豆、山楂及红枣放入锅中，加入500毫升清水，用小火炖煮至红绿豆均呈松软即可。

茯苓粥

材料（一人份）
茯苓粉15克　　白米饭150克　　红枣
10颗　豆腐50克

做法

1 红枣洗净，去核；豆腐切成块。

2 取汤锅，放入白米饭、红枣及500毫升清水，小火煮成粥品。

3 接着放入豆腐，煮至红枣熟烂。

4 最后再加入茯苓粉搅拌均匀即可。

南瓜炒米粉

材料（一人份）
干米粉100克　　南瓜条100克　　猪瘦肉丝80克
洋葱丝80克　　木耳丝50克　　虾米10克
酱油15毫升　　白糖5克　　盐10克　　胡椒粉10克
食用油30毫升　　香菜段10克

做法

1 取小碗，加入300毫升清水、酱油、白糖、盐和胡椒粉搅拌成酱汁；热油锅，放入虾米、洋葱丝爆香，再加入猪瘦肉丝炒至九成熟。

2 加入木耳丝，炒香后，放入酱汁炒匀，再加入南瓜条、米粉，炒至汤汁收干，最后放上香菜段装饰即可。

鸭肉海带汤

材料（一人份）
鸭肉50克
水发海带50克
盐5克
姜片3片

做法

1 将鸭肉洗净、切块，泡入醋水2小时后，汆烫去血水，捞出备用。

2 海带洗净，切丝备用。

3 在砂锅里放入鸭肉、500毫升清水和姜片，以大火煮滚，接着再转小火炖煮30分钟。

4 加入海带丝，续煮40分钟，至鸭肉软烂。

5 最后加入盐拌匀即可。

黄芪老鸭汤

材料（一人份）
母老鸭500克
黄芪10克
枸杞5克
生姜片3片
料酒5毫升
白胡椒5克
盐5克

做法

1 鸭肉斩块，过滚水汆烫去血水，接着捞出、冲净沥干。

2 将生姜片、黄芪、料酒和鸭肉一起放入砂锅中，倒入500毫升清水，以大火煮开。

3 接着转小火慢炖2小时，至鸭肉软烂。

4 最后放入枸杞、白胡椒和盐，关火盖上盖子焖一会，至枸杞胀大即可。

糖醋杏鲍菇  25 MIN

材料（一人份）
杏鲍菇200克
青椒60克
红椒60克
橄榄油40毫升
盐10克
番茄酱30克
白糖30克
白醋20毫升

做法

1 杏鲍菇切滚刀块，加入少许盐拌匀，使杏鲍菇入味、出水。

2 取一小碗，放入番茄酱、白糖及白醋搅拌均匀。

3 起油锅，放入杏鲍菇炒香，再下青椒、红椒一起拌炒。

4 待杏鲍菇熟透后，放入做法2的酱汁炒匀，即可起锅盛盘。

扫一扫，轻松学 ············

牛肉小炒

材料（一人份）

牛肉丝200克　青椒丝100克　冬笋丝100克　葱丝10克　姜丝10克　酱油10毫升　生粉5克　米酒10毫升　白糖2克　食用油5毫升

做法

1　牛肉丝用5毫升酱油、生粉和米酒腌渍20分钟。

2　热油锅，开大火，牛肉丝炒至五分熟后捞出。

3　放入葱丝、姜丝煸出香气，再加入青椒丝、冬笋丝、牛肉丝、酱油、白糖、米酒以及少许清水，炒熟即可。

莲藕炖牛腩

材料（一人份）

牛腩260克
莲藕140克
姜片3片
盐5克

做法

1　牛腩洗净后，去掉肥脂，切大块后放入滚水中，氽烫去血水。

2　莲藕去皮、洗净，切片。

3　将牛腩、莲藕、姜片放入锅内，加入适量清水，用大火煮沸。

4　煮滚后转至小火，慢煲45分钟。

5　起锅前，加盐调味即可。

火腿奶酪三明治

材料（一人份）
白吐司4片
生菜叶4片
西红柿50克
奶酪2片
火腿2片

做法
1 生菜叶洗净；西红柿洗净后去蒂切片；火腿切片。
2 在白吐司的中央依次铺上火腿片、奶酪、西红柿片、生菜叶，最后再盖上一层吐司，斜角切开即可。

香菇红枣粥

材料（一人份）
白米饭150克　小香菇6朵　红枣5个　鸡胸肉30克　盐5克　米酒5毫升　食用油适量

做法
1 鸡胸肉洗净，切丁；红枣去核后洗净，香菇洗净，分别泡水备用。
2 起油锅，下鸡肉丁炒开，再放入香菇、米酒、适量清水、白米饭以及红枣，一起熬煮成粥。
3 最后再加入盐调味即可。

葱爆牛肉

材料（一人份）
牛肉丝250克　蛋白1个　姜末10克　葱段10克
蒜末10克　蚝油15克　酱油30毫升　白糖10克
料酒5毫升　生粉15克　食用油适量

做法
1 将牛肉丝洗净，放入碗中，加入15毫升酱油、5克白糖、蛋白、料酒、生粉，腌渍10分钟。
2 牛肉下油锅，略炒至八分熟，捞出备用。
3 锅中注油烧热，炒香葱段、姜末、蒜末，接着放入酱油、白糖、蚝油和清水，再放入牛肉丝翻炒均匀，即可出锅。

开阳白菜 25 MIN

材料（一人份）

白菜500克
虾米10克
食用油5毫升
盐5克
白糖2克
米酒5毫升
水淀粉5毫升

做法

1 将白菜挑洗干净，去头，切粗丝备用。

2 热油锅，先放入虾米爆香，接着加入米酒和白菜一起翻炒。

3 加入清水、盐及白糖，炒至白菜出水。

4 用水淀粉勾薄芡即可起锅。

香菜萝卜 25 MIN

材料（一人份）

香菜末100克
白萝卜240克
白醋15毫升
辣油5毫升
芝麻油5毫升
盐15克

做法

1 白萝卜洗净，去皮、切成丝。

2 放入碗中，加入盐，充分抓匀，去除生味，逼出萝卜中的水分。

3 抓至萝卜变软，加入白醋、辣油、芝麻油和香菜末，搅拌均匀，即可盛盘。

葡萄干苹果粥

材料（一人份）
白饭150克
苹果100克
葡萄干20克
蜂蜜5克

做法

1 苹果洗净后切片、去籽。

2 锅中加水煮开，放入白饭和苹果，煮沸后稍微搅拌，改中小火。

3 葡萄干放入碗中，倒入滚烫的粥，待粥的温度冷却到40 ℃以下，便可将蜂蜜放入粥中，拌匀即可食用。

扫一扫，轻松学 ┈┈┈┈┈

板栗核桃粥

材料（一人份）
去壳核桃50克
板栗50克
白米粥450克
盐（或冰糖）适量

做法

1 板栗洗净，放入滚水煮10分钟后取出，用剪刀在蒂头剪一道开口，放入烤箱烤15分钟，剥出果实备用。

2 将核桃洗净后放入烤箱烤15分钟，烤出香气。

3 白米粥放入锅中，加适量水煮滚。

4 板栗与核桃拍碎，放进粥里一起炖煮5分钟，依个人口味放入盐或冰糖调味即可。

南瓜豆沙卷

材料（一人份）
南瓜200克
面粉70克
红豆沙90克
鸡蛋1个
白糖5克
食用油5毫升

做法

1 南瓜去皮和籽，洗净、切片，盖上保鲜膜蒸熟后捣成泥。

2 将南瓜泥加入蛋液、清水、白糖，再陆续放入面粉，搅拌至面粉无颗粒，制成面糊。

3 起油锅，将面糊倒入锅中，煎成饼。

4 再将豆沙放于饼上，卷成南瓜豆沙卷即可。

黑糖姜汁红薯  40 MIN

材料（一人份）
红薯300克
姜泥10克
黑糖10克

做法

1 将红薯洗净后，去皮、切块。

2 起800毫升水锅，锅内沸腾后，加入黑糖拌匀，再加入红薯煮透。

3 最后加入姜泥拌煮均匀，即可起锅食用。

扫一扫，轻松学 ············

糖醋萝卜

材料（一人份）
萝卜250克
白糖10克
醋10毫升
香菜末10克
盐10克
芝麻油5毫升

做法

1 萝卜去皮、洗净，切细丝后放入滚水焯烫至软化，捞起沥干，放在盘内。

2 把醋倒入碗内，加入白糖和盐调匀，淋到萝卜丝上，再撒上香菜末、淋上芝麻油即可。

鲜虾芦笋

材料（一人份）
鲜虾16只
芦笋90克
姜片2片
盐15克
生粉15克
蚝油15克

做法

1 鲜虾去壳、虾泥，洗净后抹干，用盐、部分生粉拌匀；剩余生粉加水调成水淀粉。

2 芦笋洗净，去根部、切斜刀，焯烫熟后，捞出沥干，散开装盘、待凉。

3 热锅，下姜片爆香，接着加入虾、蚝油、少量水、盐炒匀，再用水淀粉勾芡。

4 待虾熟后起锅，将之淋在芦笋上即可。

干贝丝烩娃娃菜

材料（一人份）

娃娃菜250克　　干贝20克　　虾米15克　　姜末10克　　蚝油15克　　白糖2克　　芝麻油5毫升　　食用油5毫升　　米酒5毫升

做法

1 娃娃菜洗净，去头、对切，放入沸水中煮熟，捞出盛盘。

2 干贝洗净，浸泡30分钟后，取出压成丝状；虾米洗净、浸泡备用；干贝水和虾米水留着备用。

3 起油锅，爆香姜末后，下干贝、虾米一起翻炒，加入蚝油、白糖、浸泡干贝和虾米的水、米酒，待稍微收汁后，加芝麻油拌匀，起锅后，将汤汁淋在娃娃菜上即可。

葱爆酸甜牛肉

材料（一人份）

牛里脊肉300克　　大葱50克　　芝麻油5毫升　　米酒15毫升　　酱油15毫升　　白醋5毫升　　白糖5克　　食用油5毫升　　蒜末10克

做法

1 牛里脊肉洗净，剔去筋膜，切薄片后装碗，加米酒、酱油、芝麻油、白糖拌匀；大葱洗净，切成斜片。

2 起油锅，下牛里脊肉片、葱片、蒜末，迅速拌炒至肉片断血色，滴入白醋翻炒至熟，起锅装盘即可。

回锅鸭肉

材料（一人份）

鸭肉300克　　竹笋100克　　西蓝花50克　　青椒40克　　红椒40克　　白糖2克　　盐5克　　水淀粉5毫升　　酱油15毫升　　辣椒酱5克　　食用油5毫升　　米酒5毫升

做法

1 鸭肉洗净，加盐和米酒后入滚水汆烫、去腥。

2 竹笋洗净切片；西蓝花、青椒、红椒分别洗净切块。

3 起油锅烧热，放入西蓝花、笋片以及辣椒酱、白糖、酱油和15毫升水炒匀。

4 接着放入鸭肉，用水淀粉勾芡后，加入青椒、红椒一起炒熟即可。

菠菜炒鸡蛋

材料（一人份）

菠菜180克
鸡蛋2个
蒜末10克
酱油15毫升
盐5克
食用油适量

做法

1 菠菜洗净，切段，用沸水焯烫；鸡蛋打散成蛋液，再将蛋液炒熟盛盘。

2 锅中加油烧热，将蒜末爆香后，再倒入菠菜，加盐、酱油翻炒，最后倒入炒好的鸡蛋，翻炒均匀即可。

虾米白菜

材料（一人份）

白菜100克
虾米10克
盐10克
水淀粉5毫升

做法

1 将白菜洗净，切成条；虾米用温水泡软，洗净后沥干。

2 锅中放入虾米炒香，加入白菜快速翻炒至熟，再加盐调味。

3 最后用水淀粉勾芡即可。

糖醋排骨  25 MIN

材料（一人份）
排骨500克
青椒20克
黄椒20克
白芝麻适量
白糖20克
醋10毫升
番茄酱5克
酱油10毫升
米酒5毫升
盐5克
生粉5克
食用油适量

做法

1 排骨洗净；黄甜椒及青椒洗净、去籽，切块；取白糖、醋、番茄酱、适量的水以及5毫升酱油，调成酱汁。

2 排骨放入碗中，先用米酒、盐以及5毫升酱油拌匀，再加入生粉继续搅拌，并腌渍10分钟。

3 起油锅，将排骨炸至内熟外酥、表面呈金黄色，捞出备用。

4 将酱汁倒入锅中，放入排骨、青椒和黄椒拌炒均匀，待汤汁稍微收干，即可起锅，最后撒上白芝麻即可。

扫一扫，轻松学

糖醋白菜

材料（一人份）
白菜300克
胡萝卜50克
白糖5克
盐10克
酱油15毫升
醋5毫升
生粉5克

做法

1 白菜、胡萝卜均洗净后切成斜片。

2 将白糖、醋、盐、酱油、生粉混和，做成糖醋汁备用。

3 油锅烧热，先煸白菜，再放入胡萝卜，待食材熟烂后将糖醋汁倒入，翻炒均匀即可。

枸杞皇宫菜

材料（一人份）
皇宫菜240克
蚝油30克
芝麻油5毫升
枸杞10克
盐5克

做法

1 将皇宫菜洗净，切去较硬的根部分，放入加盐的沸水中煮熟。

2 接着再放入枸杞一起煮，捞出后沥干水，放入碗中。

3 加入蚝油拌匀，滴入芝麻油，盛盘即可。

老鸭炖猪蹄

材料（一人份）
老鸭1只　猪蹄1对　香葱1根　生姜1块
花椒20克　料酒15毫升　盐10克

做法

1 老鸭洗净、剁成小块，放入滚水中烫2分钟后捞出，沥干血水后洗净备用。

2 猪蹄刮净毛垢、洗净，劈为2块；生姜洗净，切片；香葱洗净，切小段。

3 锅内放适量清水，将鸭块与猪蹄一同放入锅内，大火煮滚。

4 捞去汤上的浮沫后，放入生姜、葱段、料酒、花椒，转小火炖2小时，至猪蹄与鸭块均脱骨，放入盐调味即可。

培根包菜

材料（一人份）
培根150克　胡萝卜片20克
包菜450克　蒜末10克
盐5克　食用油5毫升

做法

1 包菜洗净，切段；胡萝卜去皮、洗净，切片。

2 热油锅，以大火炒香蒜末、培根，接着放入胡萝卜、包菜，再加入少许水和盐，煮熟即可。

姜丝龙须菜

材料（一人份）
龙须菜350克　姜丝10克　芝麻油5毫升
白醋5毫升　淡色酱油15毫升　白糖2克
盐10克

做法

1 龙须菜洗净，切去根部，切成2指长度的段。

2 沸水中加入少许盐，焯烫龙须菜，再加入姜丝，一起煮片刻后捞出沥干，放入碗中。

3 加入白糖、白醋、淡色酱油、盐，搅拌均匀，滴上芝麻油即可盛盘。

黄豆莲藕炖牛肉

材料（一人份）
牛肉330克
莲藕110克
胡萝卜50克
黄豆40克
盐5克

做法

1 将牛肉洗净、切块，放入沸水中汆烫去腥并捞出。

2 莲藕和胡萝卜均洗净、去皮，再切块，备用。

3 黄豆洗净，放入清水中，泡至发胀。

4 汤锅中加水烧沸，放入牛肉块、莲藕块、胡萝卜块和黄豆。

5 大火煮沸后转小火炖45分钟至牛肉熟烂，起锅前加盐调味即可。

蚝油芥蓝

材料（一人份）
柴鱼片5克
芥蓝250克
蚝油15克
白糖2克
姜末10克
盐5克
食用油5毫升
米酒5毫升

做法

1 芥蓝洗净，整株放入加盐的沸水中焯烫，捞出后沥干水分，切长段，铺盘。

2 热油锅，炒香姜末后转小火，放入蚝油、白糖、盐，拌炒均匀，再加入米酒和少许水，制成酱汁。

3 将酱汁淋在芥蓝上，撒入柴鱼片即可。

鱼香肉丝

材料（一人份）

猪肉丝200克
青椒丝30克
胡萝卜丝15克
马蹄5颗
姜末10克
葱末10克
蒜末10克
生粉5克
盐10克
白糖5克
酱油5毫升
食用油适量

做法

1 猪肉丝、青椒丝、胡萝卜丝分别洗净，沥干备用；马蹄洗净，拍碎。

2 猪肉丝加入生粉、5克盐，抓匀。

3 热油锅，将姜末、蒜末爆香。

4 放入猪肉丝，下白糖、酱油和5克盐，再放入青椒丝、胡萝卜丝、马蹄和少量水，以大火拌炒匀后，最后放入葱末即可。

什锦烩豆腐

材料（一人份）

豆腐块150克　豆芽菜45克　胡萝卜片
45克　香菇片25克　青椒圈15克　食
用油适量　酱油15毫升　葱末5克　胡
椒粉5克　芝麻油5毫升　米酒5毫升
水淀粉15毫升

做法

1 起油锅，放入豆腐块稍微煎至金黄，再
加入香菇片、胡萝卜片、豆芽菜和酱
油，翻炒后加入少许水煨煮片刻。

2 再放入青椒圈、水淀粉、胡椒粉以及
米酒翻炒均匀。

3 最后撒入葱末，淋上芝麻油即可。

豆腐丸子

材料（一人份）

板豆腐250克　排骨100克　猪肉末50克
海带丝150克　葱末10克　姜末10克
盐10克　食用油适量　生粉15克
米酒10毫升

做法

1 将板豆腐洗净、捣碎，加入猪肉末、姜
末、葱末、生粉以及5克盐和米酒，搅拌均
匀，做成大丸子；排骨洗净、切块，汆烫
后捞出备用。

2 热油锅，放入丸子，炸至金黄色后捞出。

3 另起油锅，放入海带丝、排骨翻炒，接着
加入米酒、盐、水和丸子，盖上锅盖炖煮
10分钟即可。

part4

产后第三周
精选食谱

产后第三周妈妈们的身体已逐渐恢复，肠胃的功能也逐较恢复到生产前的状态了，营养可以被顺利吸收，此时期进行滋补调养再适合不过了。妈妈们可以选择含丰富蛋白质等营养素的餐点来食用，但须谨慎控制热量，避免过度食用高糖分、高油脂的食物，以免造成产后肥胖。

产后第三周体质变化

产后第三周，妈妈们经过产后第一周、第二周的精心照护与饮食调养，到了这一周，身体应该已经从虚弱状态逐渐恢复了，不止恶露已停止，肠胃功能也几乎恢复到从前。

产后的妈妈们，常因照顾宝宝导致休息不足或是手臂酸痛、腰部酸疼，这时候除了适度休养外，还需补充足够的营养。

历经了怀孕、产后阶段，妈妈们的器官功能、身体精神等，会和孕、产前有所不同，因此坐月子时，应根据妈妈们的各种症状，包含恶露质量、乳房状况、乳汁有无、身体水肿程度、伤口愈合、大小便情况、有无口干舌燥、是否腰酸等现象作为调养重点的依据。

另一方面，若是孕前曾出现手脚冰冷、头痛的情况，此时若根据妈妈们的体质状况作调整，有时甚至可恢复到比孕前更好的状态。

在心理方面，由于产后妈妈们的身心状态都与以往不同，加上新生命带来的许多崭新经验，掺杂着迎接新生命的喜悦及面对母亲身份的焦虑，以及面临宝宝照护上的大小问题，部分妈妈心情无法调适，可能会罹患上产后抑郁症。

这时候，另一半及周遭亲朋好友应给予足够的支持与关爱，并且观察妈妈们真正需要的帮助是什么，才能在正确时间给予对的帮助，达到「对症下药」的目标。

产后第三周饮食调理重点

到了产后第三周，妈妈们基本上已经排净恶露，此时应停止继续饮用生化汤或红糖水，以免恶露淋漓不止。

若是此阶段的妈妈们想要用药膳滋补，可选择十全大补汤来搭配饮用。十全大补汤含有四物、四君子、黄芪及桂枝等药材，能够滋养气血，改善产后妈妈的虚弱及元气耗损，是此阶段药膳的好选择之一。

产后第三周，母乳品质已趋近稳定，宝宝的体重、身长也有明显的的成长，这个阶段妈妈们把整副精神全部投注在宝宝身上，因此，促进乳汁的分泌便成了首要课题。

妈妈们可以选择蛋白质含量较高的食材作为滋补重点，包含猪蹄、鸡肉及鲜鱼等，这些食材都可以调养妈妈们在生产过程中耗损的精气。

为了宝宝能够健康成长，妈妈们在饮食的选择上应以不挑食为主，均匀地摄取各类营养素，才能在每日饮食中把宝宝所需营养摄取充足，通过哺乳的方式，让宝宝吸收到充足养分。

另外，妈妈们需切记一点，决不可仗持产后调养，饮食便毫无节制，食用大量高热量、高糖分的食物，这样反而会造成身体的负担。食补应该依照产妇体质，在菜单上予以调整，才能达到最大的功效，例如燥热体质的妈妈们，就必须舍去一些比较热补性的食材，例如羊肉、桂圆、芝麻油等。

板栗烧鸡

40 MIN

材料（一人份）

板栗肉50克
去骨鸡肉300克
食用油5毫升
绍兴酒5毫升
酱油15毫升
葱段20克
生姜片3片
盐5克
芝麻油5毫升
生粉15克
水淀粉5毫升

做法

1 鸡肉切成块，加入盐及生粉，腌渍5分钟，备用；胡萝卜去皮、洗净，切滚刀块。

2 板栗肉洗净、滤干，起油锅，将板栗肉炸成金黄色备用。

3 起油锅，将鸡肉煎至表皮微焦，再加入板栗肉、葱段、生姜片、酱油及适量清水。

4 待水滚后，加入绍兴酒，盖上锅盖，焖煮10分钟。

5 最后以水淀粉勾芡、淋上芝麻油即可。

营养小叮咛

鸡肉含优质蛋白质，能强壮身体、温补脾胃、益气养血；板栗则可养胃健脾、补肾强筋、活血止血。故此菜具有补元气、健脾胃、助排恶露的功效。

金针云耳烧鸡

35 MIN

材料（一人份）
黄花菜60克
木耳60克
鸡腿肉150克
蒜头20克
食用油10毫升
酱油10毫升
白糖5克
盐5克

做法

1 木耳去蒂，切小块；蒜头洗净，切片；鸡腿肉洗净，切小块。

2 起油锅，先下蒜片炒香，续下鸡腿肉炒至金黄色时，再放入酱油、白糖、盐及100毫升的水，熬煮上色。

3 大火煮至沸腾后转小火，再入黄花菜及木耳，继续熬煮5分钟，入味后起锅即完成。

扫一扫，轻松学

核桃仁花生芹菜汤

材料（一人份）
西芹100克
核桃仁30克
花生20克
芝麻油适量
盐5克

做法

1 西芹洗净，切段。

2 核桃仁和花生分别洗净，备用。

3 取汤锅，加入300毫升清水，煮沸后放入西芹、芝麻油及盐。

4 待再次煮沸时，放入核桃仁和花生，续煮3分钟即可。

虾皮冬瓜

材料（一人份）
冬瓜250克
虾皮3克
姜末10克
盐5克
食用油5毫升
米酒5毫升

做法

1 将冬瓜去皮、去籽后洗净，切成小块备用。

2 起油锅，放入姜末和冬瓜块翻炒，炒至冬瓜块半熟。

3 接着加入虾皮、盐、米酒及少量清水搅匀，盖上锅盖，转小火焖至入味即可。

桂圆红枣乌骨鸡汤

材料（一人份）

乌骨鸡500克　桂圆50克　红枣10颗
盐5克　生姜片3片

做法

1　乌骨鸡洗净、斩块，汆烫去血水后，将乌骨鸡捞出，放入已注入沸水的砂锅中。

2　将桂圆、红枣、生姜片一起放入砂锅中，煮沸后，改小火慢炖1小时。

3　最后加入盐调味即可。

蒸鸡蛋羹

材料（一人份）

鸡蛋2个　葱花10克　盐10克
芝麻油5毫升

做法

1　将鸡蛋打入碗中，均匀搅拌，打至没有块状凝结，制成蛋液。

2　将蛋液加入75毫升凉开水和盐，边加边搅拌，再用滤网过滤气泡。

3　放入蒸锅中，将筷子横放在锅盖及锅子中间留缝，以大火加热至水滚，再转小火蒸煮10分钟。

4　最后淋上芝麻油、撒上葱花即可。

薏仁鸡

材料（一人份）

鸡肉块300克　薏仁50克　生姜片3片
葱段20克　绍兴酒15毫升　盐5克

做法

1　鸡肉块用热水汆烫，捞出；薏仁洗净，用温水泡1小时至软化后捞出。

2　将鸡肉块和薏仁放入砂锅中，再放入500毫升清水、葱段、姜片和绍兴酒一同炖煮40分钟。

3　起锅前，加入盐调味即可。

猪蹄通草汤

材料（一人份）

猪蹄1个
通草6克
白芷5克
当归5克
葱白10克
盐5克

做法

1 猪蹄洗净、去毛，汆烫去血水后过冷水洗净，沥干备用。

2 将所有的药材洗净，连同猪蹄、葱白放入开水中煮沸，再转小火慢炖2小时。

3 捞去汤上过多的油脂，加盐调味即可。

猪蹄黄豆汤

材料（一人份）

猪蹄1个
黄豆50克
盐5克
料酒5毫升
葱段10克
姜片5片

做法

1 猪蹄去毛、洗净后切块，放入热水中汆烫去血水。

2 黄豆用冷水浸泡后，加入500毫升清水，煮至黄豆变软，再加入猪蹄。

3 烧开后，加入姜片、葱段和料酒，盖上锅盖，焖煮至猪蹄软烂。

4 起锅前，加入盐调味即可。

无锡烧排骨

材料（一人份）

猪排骨200克
蒜头20克
葱段20克
姜片20克
洋葱50克
五香粉少许
食用油5毫升
蚝油15克
米酒30毫升
番茄酱15克
冰糖5克
水淀粉5毫升

做法

1 将排骨洗净，剁大块；
   洋葱切大块。

2 起油锅，将排骨表面煎至
   上色以封住肉汁。

3 将洋葱与整颗蒜头、葱段
   一起入油锅，炒出香味后
   捞起。

4 在锅中放入排骨、洋葱和
   做法3中的食材，再加入
   姜片、蚝油、番茄酱、冰
   糖、米酒、水淀粉和少许
   五香粉，再倒水淹过材
   料，煮滚后转小火焖煮至
   熟软。

5 取出排骨装盘，将锅内剩
   余的汤汁淋在上面即可。

扫一扫，轻松学

猪骨萝卜汤

材料（一人份）
排骨300克
胡萝卜120克
白萝卜150克
陈皮5克
红枣3颗
盐10克

做法

1 排骨洗净，放入加盐的热水中汆烫，捞出备用。

2 胡萝卜、白萝卜分别去皮、洗净，切成大块；陈皮洗净备用。

3 煲内放入适量清水，加入陈皮、红枣煲熟，再放入胡萝卜、白萝卜、排骨，以小火焖煮40分钟。

4 起锅前，加入盐调味即可。

青椒镶饭

材料（一人份）
洋葱50克　红椒1个　青椒1个　香菇20克
火腿1片　白米饭150克　食用油15毫升
咖喱粉10克　盐15克

做法

1 香菇泡软、洗净，切细丁；洋葱、火腿分别洗净，切细丁。

2 青椒、红椒洗净，去蒂后对半切开、去籽，一半切细丁，另一半里面刮净备用。

3 热油锅，先放入香菇、火腿、洋葱爆香，再加入米饭、盐、咖喱粉，翻炒片刻，再加入红、青椒丁炒熟。

4 将炒好的饭填置于另一半青、红椒内，放入烤箱，以150℃烤8分钟即可。

香葱豆腐

材料（一人份）

红椒40克　蛋豆腐100克　葱段10克　香菜10克　蚝油15克　酱油15毫升　白糖2克　水淀粉5毫升　食用油适量

做法

1. 红椒洗净、去籽及白膜，切滚刀块。

2. 蛋豆腐切正方形小块，再放入热油锅中，炸至表面酥黄，捞出备用。

3. 起油锅，爆香葱段，转小火，加入蚝油、白糖、酱油和豆腐拌炒一下，加入少量清水煨煮一会，再下红椒。

4. 稍微翻炒，再用水淀粉勾芡、撒上香菜即可盛盘。

金沙南瓜

材料（一人份）

咸蛋黄1个　咸蛋白1个　南瓜200克　白糖2克　蒜末10克　辣椒丝10克　芝麻油5毫升　食用油15毫升

做法

1. 南瓜去皮、洗净，切成片，放入沸水中煮至熟软，捞出备用；咸蛋白剁碎。

2. 热油锅，爆香蒜末，接着放入咸蛋黄，不停搅拌至蛋黄冒泡。

3. 放入南瓜、咸蛋白，翻炒均匀，再放入辣椒丝、白糖、芝麻油搅匀即可。

猪蹄炖茭白

材料（一人份）

猪蹄500克　花生50克　茭白1根　生姜片3片　盐5克

做法

1. 花生用盐水发泡2小时；茭白去皮和老梗根部，切成三厘米滚刀块备用。

2. 猪蹄去毛洗净，对半剖开，剁成三厘米大小的块状，放入水中氽烫至变色，捞出备用。

3. 将花生、猪蹄、生姜片放入砂锅中，再加入温水，大火煮开，再转小火炖1小时，最后放入茭白和盐继续以小火炖30分钟即可。

蒸南瓜 35 MIN

材料（一人份）
南瓜230克
枸杞10克
蚝油15克
姜丝10克
盐5克
白糖2克
水淀粉5毫升
食用油5毫升

做法

1 南瓜洗净、切块，放入盘中，再放入蒸锅中以中火蒸20分钟，取出后倒掉蒸出的水。

2 热油锅，加入姜丝爆香，接着放入蚝油、盐、白糖、少许清水和枸杞，拌炒均匀。

3 关火后，加入水淀粉制成酱汁。

4 将酱汁淋在蒸好的南瓜上即可。

鱼头海带豆腐汤

材料（一人份） 35 MIN
鲈鱼头1个　　嫩豆腐150克
海带50克　　料酒5毫升　　葱段10克
生姜片3片　　香菜10克　　盐5克
醋5毫升　　色拉油5毫升

做法

1 鱼头去鳃、洗净沥干，从中剖半；豆腐切厚片；海带泡发。

2 大火烧热油锅，将鱼头煎至表面略微焦黄，接着爆香姜片和葱段，再倒入500毫升清水和醋，以大火煮沸再转小火慢炖。

3 待汤呈乳白色，加入嫩豆腐、海带及料酒继续炖煮。

4 煮至豆腐熟透后，最后加入香菜和盐拌匀即可。

玉米笋炒墨鱼

材料（一人份）
玉米笋40克
墨鱼肉200克
胡萝卜50克
小黄瓜50克
蒜头20克
盐5克
食用油5毫升

做法

1 玉米笋、胡萝卜、小黄瓜及墨鱼肉洗净、切片，玉米笋及胡萝卜须先氽烫熟透。

2 起油锅，放入蒜头爆香，加入墨鱼肉拌炒至熟色，再放入玉米笋、胡萝卜一起拌炒。

3 最后放入盐及小黄瓜拌炒均匀，即可起锅食用。

山药烧鸡 40 MIN

材料（一人份）

山药150克　　鸡腿200克　　香菇4朵
胡萝卜块50克　　米酒5毫升　　盐5克
酱油15毫升　　色拉油5毫升

做法

1 山药去皮、洗净后切厚片；香菇泡软，
　留下香菇水；鸡腿洗净，剁成块。

2 将胡萝卜块、山药片、香菇及鸡肉，
　分别汆烫好备用。

3 热油锅，将胡萝卜块、山药片、香菇放
　入锅中拌炒，再加入鸡肉略炒一下。

4 放入酱油、盐及米酒调味，盖上锅盖
　焖至鸡肉熟透即可。

西蓝花炒牛肉 35 MIN

材料（一人份）

牛肉150克　　西蓝花100克　　胡萝卜片50克
食用油5毫升　　盐5克　　酱油5毫升
米酒5毫升　　水淀粉5毫升　　姜末10克
蒜末10克

做法

1 将西蓝花洗净，掰成小朵，焯烫后沥干。

2 牛肉横纹切薄片，加盐、酱油、米酒腌10
　分钟；锅中倒油烧热，放入牛肉片滑炒，
　待变色即捞出沥油。

3 锅中重新加油烧热，放入姜末、蒜末爆香，
　放入胡萝卜片翻炒，再放入牛肉片略炒。

4 最后加入西蓝花翻炒，再放入盐调味、水淀
　粉勾芡即可。

菠萝虾仁炒饭

材料（一人份）

虾仁20克　菠萝30克　豌豆40克　鸡蛋1个
白米饭150克　蒜末10克　盐5克　白糖2克
食用油15毫升　芝麻油5毫升

做法

1 虾仁洗净、去肠泥，沥干水分；菠萝取果肉，切
小丁；豌豆洗净，焯烫2分钟后捞起备用。

2 油锅烧热，爆香蒜末，接着加入虾仁炒至八
分熟后，加入豌豆、白米饭和菠萝丁，打入鸡
蛋，快速翻炒至饭粒散开。

3 最后加盐、白糖、芝麻油炒匀后即可食用。

鲜滑鱼片粥

材料（一人份）

白米饭150克　鲈鱼片100克　豆皮
40克　盐5克　姜丝10克　葱花10
克　胡椒粉5克　芝麻油5毫升

做法

1 豆皮用热水烫软后冲洗净，再切片。

2 姜丝放入沸水中，再加入白米饭。

3 煮至米粒软化时，放入鱼片、豆
皮、盐、葱花、芝麻油，煨煮至食
材熟透。

4 起锅后，加入胡椒粉调味即可。

玉米浓汤

材料（一人份）

玉米酱160克　玉米粒160克　鸡蛋1个　奶油
30克　水淀粉20毫升　火腿80克　牛奶200毫
升　黑胡椒粒5克　盐12克

做法

1 火腿切丁；鸡蛋打散。

2 玉米粒、玉米酱放入沸水中煮，接着加入火腿丁、
盐、奶油以及牛奶。

3 煮沸后，用水淀粉勾芡，持续搅拌，再加入蛋液，
并不时搅拌汤汁。

4 关火，放入黑胡椒粒即可盛盘。

乌骨鸡糯米粥

材料（一人份）

乌骨鸡腿1只　糯米45克　红枣2颗
葱白1根　米酒5毫升　盐5克

做法

1 糯米洗净，泡水1小时。

2 葱白洗净，切丝；红枣拍破；乌骨鸡腿入滚水中氽烫，捞起，备用。

3 取一锅，放入乌骨鸡腿，加水熬煮，煮滚后放入米酒和红枣，再转小火煮20分钟至鸡肉软烂。

4 加入糯米，大火煮开后改小火，续煮至粥黏稠。

5 最后加入盐调味，再将葱丝放入焖煮10分钟即可食用。

枸杞鸡丁

材料（一人份）

鸡胸肉250克　枸杞20克　蛋白1个
马蹄30克　食用油5毫升　生粉15克
盐5克　葱末10克　姜末10克　蒜末10克

做法

1 枸杞洗净，备用；马蹄去皮后洗净，切成小方丁。

2 鸡胸肉洗净，切成小方丁，放入盐、蛋白、生粉，搅拌均匀，备用。

3 锅内倒油烧热，放入腌好的鸡丁，快速翻炒几下，加入盐、蒜末、姜末及马蹄丁。

4 最后加入枸杞和葱末，再翻炒均匀即可。

干贝香菇鸡汤

材料（一人份）
鸡腿150克
干贝20克
香菇30克
姜片10克
盐10克
米酒5毫升

做法

1 鸡腿汆烫去血水；香菇泡水；干贝泡入加米酒的水中。

2 起一锅水，加入姜片、干贝及浸泡过的水、香菇、鸡腿块煮至沸腾，再转小火熬煮20分钟，最后放入盐搅拌均匀，即可起锅。

扫一扫，轻松学

桂花甜藕

材料（一人份）

莲藕330克　　圆糯米50克　　莲子25克
蜂蜜20克　　冰糖10克　　水淀粉15毫升
桂花酿10克

做法

1 莲藕洗净，切去一端藕节。

2 糯米用清水漂洗干净，浸泡2小时，接着捞起晾干、塞入莲藕孔内，边灌边用筷子顺孔向内戳，使糯米填满。

3 将莲藕摆入碗中，放入蒸锅，以大火蒸熟，取出后切大片，摆在盘上。

4 莲子先放入沸水中，加入冰糖、桂花酿和莲子一起煮滚，再用水淀粉勾芡。

5 起锅，淋在藕块上，再淋入蜂蜜即可。

虾肉冬瓜汤

材料（一人份）

鲜虾10只
冬瓜250克
蛋白1个
姜片3片
盐5克
白糖2克
芝麻油5毫升
米酒5毫升

做法

1 鲜虾挑出肠泥、洗净，加入米酒，隔水蒸8分钟后取出。

2 冬瓜洗净，切小块后放入锅中与姜片一起煲煮。

3 再放入虾肉，下盐、白糖以及芝麻油略煮，最后加入蛋白即可。

铁板豆腐

30 MIN

材料（一人份）

荷兰豆60克　蛋豆腐100克　木耳片40克　胡萝卜片40克　葱段10克　蒜末10克　香菜10克　盐5克　白糖2克　食用油15毫升　芝麻油5毫升　蚝油15克　米酒5毫升

做法

1 蛋豆腐切做长条状；起滚水锅，加盐，焯烫木耳片、胡萝卜片、荷兰豆，捞出备用。

2 起油锅，将豆腐煎至两面酥黄，推到锅边，下葱段、蒜末爆香；再加入蚝油、白糖和焯烫过的食材，翻炒一会，加入少许清水煨煮；再加入米酒、芝麻油炒匀。

3 起锅后，撒入香菜即可。

菠萝炒鸡胗

30 MIN

材料（一人份）

鸡胗100克　菠萝块50克　嫩姜10克　蒜片10克　米酒5毫升　食用油5毫升　白糖2克　盐5克

做法

1 嫩姜切丝；鸡胗切薄片。

2 起油锅，放入姜丝及蒜片，炒至待姜丝变软、蒜香味出来。

3 加入清水、米酒、盐和鸡胗炒匀。

4 炒至鸡胗变色、变软，加入菠萝块拌炒，并加入白糖，炒至菠萝变软后即可起锅。

三元蒸鸡

55 MIN

材料（一人份）

鸡900克　红枣20克　枸杞20克　盐5克　葱丝5克

做法

1 鸡洗净后剁成小块，入滚水中汆烫30秒后迅速捞起，沥干水分。

2 将盐均匀撒在鸡肉上，放入炖皿内，并将红枣、枸杞一起摆入。

3 炖皿加上皿盖后放入蒸锅内，待水滚后，以大火蒸40分钟，最后撒上葱丝即可。

腰果虾仁

材料（一人份）

虾仁200克　　腰果50克　　葱花2克
蒜片2克　　生姜2克　　蛋白1个　　醋10毫升
盐30克　　生粉15克　　料酒30毫升
芝麻油5毫升　　食用油适量

做法

1　将虾仁洗净，挑出肠泥；蛋白打散，
　加入生粉、盐及料酒拌匀，放入虾仁抓
　腌，静置一会。

2　起油锅炸腰果，捞出放凉；接着将虾仁
　入油锅过油，再捞出沥干备用。

3　锅底留油，放入葱花、蒜片、生姜爆
　香，再加入料酒、醋、盐、虾仁和腰果
　翻炒。

4　最后淋上芝麻油即可起锅。

雪菜冬笋黄鱼汤

材料（一人份）

黄鱼300克　　冬笋50克　　雪菜50克
猪肉片30克　　料酒5毫升　　葱花10克
生姜丝10克　　色拉油5毫升　　芝麻油5毫升
胡椒粉5克　　盐5克　　生粉15克

做法

1　将黄鱼去鳞、清除内脏，洗净后抹上薄
　薄一层生粉。

2　冬笋洗净，切片；雪菜洗净，切碎。

3　起油锅、烧热，放入黄鱼煎至两面微黄，
　再加入500毫升清水、冬笋、雪菜、猪肉片
　及料酒，大火烧开。

4　放入葱花、生姜丝和盐，转小火熬煮15
　分钟，最后加胡椒粉、芝麻油即可。

葱烧草鱼面  15 MIN

材料（一人份）
葱2支
姜4片
草鱼180克
面条1份
米酒10毫升
酱油30毫升
食用油10毫升
白糖5克

做法

1 草鱼洗净，切块；葱切段；起一锅水，将面条煮熟后沥干，备用。

2 草鱼加入米酒及酱油抓腌。

3 另起油锅，爆香姜片，放入葱段炒香，再下草鱼煎至两面微焦，香味传出后加适量水，大火煮沸。

4 加入面条、酱油、白糖一起熬煮，最后下米酒提香，盛盘即可。

扫一扫，轻松学 ┈┈┈┈┈

猪肉香菇大卤面

材料（一人份）

豆腐干15克　　水发香菇10克　　猪绞肉100克　　面条200克　　豆瓣酱15克　　盐5克　　葱花10克　　姜末10克　　蒜末10克　　白糖2克　　酱油15毫升　　生粉5克　　食用油适量

做法

1 将豆腐干和香菇分别切碎；起滚水锅，将面条氽烫备用。

2 取一碗，加入生粉、白糖、酱油拌匀，调成芡汁。

3 热油锅，依序放入豆瓣酱、葱花、姜末、蒜末爆香，再加入猪绞肉、香菇、豆腐干，一起炒出香味。

4 锅内接着放入适量清水，待煮沸后加入调好的芡汁和盐，调成卤汁，再将其淋在面条上即可。

鲍鱼菠菜面 40 MIN

材料（一人份）

小鲍鱼2颗　　菠菜50克　　蘑菇6朵　　乌龙面1份　　盐10克　　酱油5毫升

做法

1 小鲍鱼洗净；蘑菇洗净，切片；菠菜洗净，切段。

2 菠菜焯水，去除草酸及涩味，备用。

3 起一小锅水，放入鲍鱼、蘑菇熬煮至沸腾。

4 加入乌龙面一起熬煮，再放入焯烫好的菠菜及盐、酱油搅拌均匀，继续熬煮片刻即可食用。

桂圆当归鸡蛋汤

材料（一人份）

桂圆50克　　当归片5克　　熟鸡蛋1个　　冰糖10克

做法

1 取汤锅，注入300毫升的清水，再将当归片放入，煮滚。

2 接着加入桂圆，盖上锅盖转小火炖煮15分钟。

3 熟鸡蛋剥壳后，放入锅内继续炖煮15分钟至微微上色。

4 最后放入冰糖，拌匀至溶化即可。

鸡肉山药粥

材料（一人份）

山药50克　　枸杞20克　　熟松子20克
鸡胸肉70克　　大米50克　　盐10克

做法

1 将鸡胸肉洗净、切丁，汆烫备用。

2 大米洗净；山药去皮、洗净，切块。

3 加入500毫升清水至锅中，再将大米、鸡肉、山药一起放入，用大火煮开，接着转小火，将米粒煮熟。

4 关火前放入枸杞、盐拌匀，再撒上松子即可。

燕麦南瓜粥

材料（一人份）

燕麦20克　　白米粥150克　　南瓜100克　　冰糖10克

做法

1 燕麦洗净，泡入清水30分钟备用。

2 将南瓜洗净，削皮、切片。

3 在沸水中，放入南瓜和白米粥一起熬煮。

4 待南瓜熟透后，再加入冰糖及燕麦，调匀即可。

咖喱鸡丁意大利面

材料（一人份）

鸡胸肉100克　青椒80克
意大利面150克　咖喱酱30克
盐10克　牛奶100毫升　食用油5毫升

35 MIN

做法

1 意大利面放入滚水中，加5克盐，将面煮熟备用。

2 鸡胸肉切丁；青椒洗净去籽，切成块。

3 起油锅，放入鸡丁翻炒，接着加入咖喱酱，翻炒均匀，倒入牛奶，再加入清水淹过食材。

4 烧开后转小火，再加入青椒，待酱汁熬至浓稠，加盐调味。

5 将意大利面盛入碗中，浇上酱汁，拌匀即可。

香菇炖鸡

35 MIN

材料（一人份）

干香菇2朵
鸡500克
盐5克
葱段10克
姜片3片
米酒5毫升
枸杞5克

做法

1 将干香菇用温水洗净后，放入热水中泡开，香菇水留着备用。

2 鸡洗净、切块，放入沸水中汆烫，捞出备用。

3 锅内放入葱段、姜片、香菇、香菇水和鸡肉，用大火烧开，捞起浮沫。

4 加入米酒和枸杞，转小火炖30分钟至鸡肉熟烂，再加入盐调味即可。

茄汁豆腐 35 MIN

材料（一人份）
盒装豆腐100克
小豆干3片
胡萝卜50克
食用油10毫升
白糖10克
番茄酱5克
盐2克

做法

1 将豆腐及豆干切丁；胡萝卜去皮、切丁，备用。

2 起油锅，炒香豆干后，再下胡萝卜，均匀拌炒至食材熟透。

3 放入豆腐来回拌炒，最后加入白糖、番茄酱及盐调味，均匀拌炒即可盛盘。

扫一扫，轻松学 ……………

八宝鸡汤

材料（一人份）

党参6克　　白术6克　　茯苓6克　　白芍6克
熟地黄6克　　当归6克　　川芎6克
炙甘草3克　　母鸡500克　　葱花10克
姜片3片　　米酒5毫升　　盐5克

做法

1 母鸡洗净、切块，汆烫去血水后捞出，
备用。

2 将所有药材和葱花、姜片一起放入500
毫升热水中，再加入鸡肉块和米酒。

3 接着盖上锅盖、转小火，炖煮45分钟，
最后加盐调味即可。

火龙果炒鸡丁

材料（一人份）

鸡胸肉270克
火龙果100克
青椒70克
黄椒70克
盐5克
食用油5毫升

做法

1 鸡胸肉洗净，切成丁；火龙果去皮、切
丁；青椒、黄椒分别洗净后，切除白膜、
切丝备用。

2 油锅烧热，下鸡丁快速翻炒，加盐调味。

3 接着放入青椒、黄椒、火龙果，翻炒
均匀，即可起锅。

猪肉香菇大卤面

材料（一人份）

水发香菇60克　　猪绞肉50克　　木耳40克
鸡蛋1个　　面条1份　　葱花10克　　姜末10克
蒜末10克　　盐5克　　食用油5毫升　　豆瓣酱
20克　　白糖5克　　酱油5毫升　　生粉5克

做法

1 将木耳、香菇洗净、切丝；鸡蛋打散备用；面条 加盐汆烫后，盛盘备用。

2 取小碗，放入生粉、白糖、酱油调成芡汁。

3 起油锅，放入蛋液炒散后，拨至一旁，再放入　姜末、蒜末及葱花爆香，最后下豆瓣酱、猪绞肉、香菇、木耳拌炒出香味。

4 锅内放入少许水，煮至沸腾后加入调好的芡汁、盐拌炒均匀，最后淋在备好的面条上即可。

糙米莲子鸡粥

材料（一人份）

糙米20克　　白米30克　　干莲子10克
鸡骨架1副　　去骨鸡胸肉30克　　盐5克

做法

1 鸡骨汆烫后，以小火熬煮1小时后制成鸡高汤；鸡胸肉洗净，切小丁；白米洗净。

2 糙米及干莲子洗净，泡水1小时。

3 起水锅，加入白米、糙米、莲子以及鸡高汤一起烹煮30分钟。

4 待米粥煮至稠烂，放入鸡丁拌煮10分钟，加盐调味即可起锅食用。

姜丝牡蛎肉丝汤

材料（一人份）

姜丝10克　　牡蛎60克　　肉丝20克
罗勒10克　　盐5克　　酱油5毫升

做法

1 姜洗净，切丝；罗勒、牡蛎各自洗净备用；肉丝洗净后沥干，放入小碗中，加入酱油均匀抓腌。

2 起水锅，待水煮至沸腾后，加入姜丝及肉丝煮至肉丝熟透。

3 加入牡蛎一起熬煮，待牡蛎煮熟后，加入盐搅拌均匀。

4 起锅前，放入罗勒一起熬煮，即可起锅食用。

莲藕干贝排骨汤

材料（一人份）

莲藕100克
排骨250克
干干贝15克
盐5克

做法

1 干干贝洗净后浸泡一晚，干贝水保留备用；莲藕洗净后，去皮、切片。

2 起水锅，放入排骨汆烫后，捞出备用。

3 取砂锅，放入干贝、莲藕、排骨与适量水一起熬煮，待沸腾后，盖上锅盖，小火慢炖1小时。

4 起锅前，加入盐，搅拌均匀即可。

时蔬烩竹笋 ⏲ 35 MIN

材料（一人份）
干香菇30克
竹笋200克
木耳60克
胡萝卜60克
色拉油10毫升
姜10克
生粉少许
酱油5毫升
胡椒少许
冰糖5克

做法

1 干香菇洗净，泡开后切块；木耳洗净，切小方块；胡萝卜洗净，切丁；姜洗净，切末；竹笋洗净，去皮；生粉加少许水调和备用。

2 起水锅，放入竹笋煮熟后，切大块备用。

3 起油锅，爆香姜末后，放入竹笋、香菇、木耳、胡萝卜拌炒后，再加入酱油、胡椒、冰糖，略煮至收汁。

4 最后加入水淀粉勾薄芡拌炒均匀，即可起锅食用。

扫一扫，轻松学 ⋯⋯⋯⋯

凉拌茄子

材料（一人份）
茄子2条
芝麻酱10克
醋10毫升
芝麻油5毫升
盐5克

做法
1 将茄子洗净去蒂，切滚刀块。

2 取一个适合的盘子，将茄子排列在上方，放入蒸锅中蒸熟。

3 将芝麻酱与醋、芝麻油以及盐放在小碟中均匀搅拌。

4 将茄子取出放凉后，淋上拌好的酱汁即完成。

蜜汁黑豆

材料（一人份）
黑豆50克
红糖10克

做法
1 先将黑豆洗净，再浸泡。

2 起一水锅，放入黑豆煮至沸腾后，转小火继续熬煮至黑豆熟透。

3 加入红糖搅拌均匀后，便可关火、盛盘。

芦笋炒杏鲍菇

35 MIN

材料（一人份）

芦笋80克　杏鲍菇200克　姜10克　蒜10克
食用油5毫升　盐5克　米酒5毫升

做法

1 芦笋洗净，切段；杏鲍菇洗净后，切成与芦笋段相同的大小；姜、蒜各自洗净、切片。

2 起油锅，加入姜、蒜爆香，待香味传出后，再放入杏鲍菇及芦笋一起拌炒。

3 待杏鲍菇炒至熟透，加入盐、米酒来回翻炒，即可起锅食用。

西红柿芹香芙蓉

20 MIN

材料（一人份）

豆包2片　西红柿100克　芹菜10克　食用油10毫升　番茄酱10克　白糖5克　盐5克　生粉5克

做法

1 西红柿洗净，切块；芹菜洗净，切末；生粉加入少许水，调成水淀粉。

2 起油锅，加入豆包煎至上色，取出后切小块。

3 原锅中放入西红柿炒香，再放入番茄酱、白糖及盐、豆包翻炒均匀。

4 沿锅边均匀淋上水淀粉即可盛盘，最后撒上芹菜末即可。

荷兰芹炒饭

15 MIN

材料（一人份）

荷兰芹40克　白饭150克　奶油25克
盐5克

做法

1 荷兰芹洗净后，将花蕾部分切下剁碎，再把剩下的茎梗聚集剁碎，一起备用。

2 取一平底锅，开中火，放入奶油炒至融化，再放入米饭反复翻炒，至米饭与奶油香气传出。

3 在锅里加入剁碎的荷兰芹，来回拌炒均匀。

4 最后放入盐，拌炒均匀即可盛盘食用。

归芪乌骨鸡汤

材料（一人份）

乌骨鸡500克　当归10克　黄芪10克
枸杞10克　红枣6颗　葱段20克
生姜片3片　料酒15毫升　盐5克

做法

1 乌骨鸡洗净，剁块。

2 取砂锅，将乌骨鸡放入锅内，再加入葱段、生姜片、黄芪、红枣、枸杞、当归和料酒一起炖煮。

3 大火煮开后转小火，盖上锅盖，熬煮1小时。

4 最后加入盐，搅拌均匀即可。

鸡蓉玉米羹

材料（一人份）

鸡胸肉300克　玉米粒300克　豌豆100克
鸡蛋1个　鸡汤300毫升　盐5克　生粉5克

做法

1 将鸡肉洗净，切成碗豆般大小。

2 青豆、玉米粒分别洗净；鸡蛋打散成蛋液，备用；生粉加水调匀。

3 取汤锅，将鸡汤煮开，再将鸡蓉、玉米粒、豌豆放入锅中，大火烧开。

4 接着转小火焖20分钟，再加盐调味。

5 用水淀粉勾芡后，将打散的蛋液淋入锅中，快速搅拌即可。

姜丝鲍鱼菇汤

材料（一人份）
鲍鱼菇100克
竹笋100克
姜20克
盐10克

做法

1 鲍鱼菇及竹笋各自洗净、切片；姜洗净，切丝备用。

2 起水锅，待锅中沸腾后，加入鲍鱼菇、竹笋煮熟，再加入姜丝熬煮20分钟。

3 最后放入盐搅拌均匀，即可起锅食用。

扫一扫，轻松学 ············

松阪猪山药面

材料（一人份）
山药100克
松阪猪肉片150克
葱花30克
面条1份
姜2片
盐5克
胡椒粉5克
芝麻油5毫升

做法

1 松阪猪洗净，切片；山药洗净，切片。

2 起一锅水，将面条煮熟，沥干备用。

3 另起一锅水，放入山药、猪肉片及姜片一起熬煮。

4 待山药熟软后，放入面条及盐、胡椒粉、芝麻油、葱花，拌煮均匀即可。

麻油猪肝面线

材料（一人份）
猪肝50克　面线1份　姜20克　米酒30毫升
芝麻油10毫升　盐5克

做法

1 猪肝洗净至无血水，切薄片，用米酒腌渍15分钟；姜切丝备用；面线氽烫后盛盘。

2 起一锅水，沸腾后放入猪肝片，氽烫10秒后捞起，再用冷开水洗净猪肝表面的杂质，沥干备用。

3 另起一锅，用芝麻油爆香姜丝，再放入猪肝与米酒、盐炒匀后，加入400毫升水熬煮2至3分钟。

4 将完成的汤料淋在面线上，即可食用。

南瓜胡萝卜牛腩饭

材料（一人份）
胡萝卜20克　白饭150克　牛肉100克　南瓜50克
食用油5毫升　盐5克

做法

1 将胡萝卜、南瓜各自洗净后，去皮、切块；
牛肉洗净，切块；白饭盛盘备用。

2 起油锅，放入胡萝卜、南瓜略煎。

3 加入适量水及牛肉一起熬煮，待沸腾后加入
盐搅拌均匀，继续熬煮至蔬菜软烂即可。

4 在盛好的白饭淋上做法3的食材，便可食用。

虱目鱼米粉

材料（一人份）
虱目鱼肚1块　米粉1份　姜丝20克
芹菜末30克　葱段20克　食用油10
毫升　米酒30毫升　盐5克

做法

1 虱目鱼肚成小块。

2 起油锅，煎香虱目鱼肚，以鱼肉那
面下锅，可减少喷溅。

3 下葱段、姜丝爆香，再放入米酒去
腥，加热开水、米粉及一半芹菜末
熬煮。

4 最后放入盐调味，盛盘后撒上另一
半芹菜末即可。

醋拌莲藕

材料（一人份）
莲藕120克　辣椒20克　盐5克　醋20毫升
白糖5克　芝麻油5毫升

做法

1 莲藕洗净，去皮；辣椒洗净，切丝；加入适量
水及10毫升醋，调制成醋水。

2 取大碗，放入莲藕及醋水，浸泡5分钟以防止
莲藕变色。

3 莲藕切薄片，用滚水焯烫后捞起，沥干并盛盘
备用。

4 取小碗，放入盐、醋、白糖及芝麻油搅拌均匀，
将辣椒丝放在盛好盘的莲藕片上，淋上调制好的
酱汁，即可食用。

冰糖五彩玉米羹

材料（一人份）

玉米粒50克　　鸡蛋1个　　山药30克
豌豆30克　　枸杞5克　　冰糖5克
生粉5克　　葱花适量　　芝麻油5毫升

做法

1 山药洗净后去皮、切丁；豌豆洗净备用；生粉加少许水调合。

2 在锅中加入100毫升清水，接着放入玉米粒、山药、豌豆以及冰糖，煮至山药熟透。

3 加入水淀粉，使汁变浓，再加入枸杞拌匀，打入鸡蛋，放入葱花、芝麻油，拌匀即可。

凉拌青木瓜

材料（一人份）

青木瓜100克　　红椒10克　　熟杏仁20克
盐5克　　酱油5毫升　　白糖5克
柠檬汁10毫升

做法

1 青木瓜洗净后，去皮、去籽并切丝；红椒洗净，切丝；取研钵，放入熟杏仁捣碎备用。

2 取大碗，放入木瓜丝与盐，抓腌均匀。

3 取小碗，加入酱油、白糖及柠檬汁均匀搅拌，搅拌至糖粒溶化，制成酱汁。

4 放入木瓜丝、红椒及杏仁搅拌均匀，盛盘后均匀淋上酱汁即可。

南瓜饭

材料（一人份）
白米150克　　南瓜50克

做法

1 白米洗净；南瓜洗净、去皮，切成小块。

2 将白米和南瓜放入电锅内锅中，加入300毫升的水，盖上锅盖，按下煮饭键，煮至开关跳起后，再焖10分钟。

3 将煮好的南瓜饭搅拌均匀即完成。

莲子饭

材料（一人份）
白米150克　　莲子50克

做法

1 白米洗净，备用；莲子泡水8小时，洗净备用。

2 将白米和莲子放入电锅内锅中，加入200毫升的水，盖上锅盖，按下煮饭键，煮至开关跳起后，再焖15分钟。

3 将煮好的莲子饭搅拌均匀即完成。

姜丝炒牛肉

材料（一人份）
牛肉片100克　　姜丝10克　　酱油30毫升　　盐5克
生粉少许　　米酒5毫升　　芝麻油5毫升　　食用油适量

做法

1 牛肉片洗净，加入生粉、酱油和米酒，稍微搅拌，腌渍约20分钟。

2 热油锅，用大火快速翻炒牛肉片至半熟后，捞起备用。

3 锅底留油，下姜丝炒香，倒入已半熟的牛肉片炒匀，关火，起锅前加入盐和芝麻油即可。

西芹炒甜不辣

材料（一人份）
西芹50克
甜不辣100克
红甜椒10克
蒜末5克
姜丝5克
食用油适量

做法

1 西芹洗净，去掉粗梗后切斜刀片；红甜椒洗净，切丝；甜不辣洗净，切长条片状。

2 热油锅，爆香蒜末、姜丝，放入甜不辣拌炒，接着放入西芹和红甜椒丝炒3分钟，加盐调味后即完成。

姜丝拌海带

材料（一人份）
海带根150克
姜丝10克
白醋10毫升
盐10克
酱油5毫升
白糖5克
芝麻油5毫升

做法

1 烧一锅滚水，加入5毫升白醋、5克盐，放入洗净的海带根焯烫，捞起后沥干备用。

2 将酱油、白糖、5克盐、5毫升白醋、姜丝与海带根拌匀，静置30分钟。

3 加入芝麻油拌匀，即可盛盘。

八珍排骨汤  115 MIN

材料（一人份）

排骨250克
黑枣4颗
党参10克
白术10克
伏苓10克
当归10克
白芍10克
甘草5克
川芎10克
熟地黄10克
姜片10克
盐适量

做法

1 将药材洗净，放入冷水中浸泡15分钟，取出沥干备用。

2 烧一锅滚水，加少许盐，放入排骨汆烫去血水，捞起备用。

3 将排骨、姜片和所有药材放入砂锅中，加水至盖过所有材料，开大火煮至沸腾，盖上锅盖，转小火炖煮。

4 炖煮的过程中，可每隔一阵子掀盖看看水量及汤汁颜色，若水量太少就再加点水，继续炼出药材的药性，大约炖煮1.5小时，起锅前加盐调味即完成。

扫一扫，轻松学 ············

姜枣乌骨鸡汤

材料（一人份）

乌骨鸡1000克　姜20克　红枣8颗
枸杞10克　盐5克

做法

1 乌骨鸡洗净，切块；姜洗净，去皮，并切片；红枣、枸杞洗净，沥干。

2 烧一锅滚水，加少许盐，放入乌骨鸡氽烫去血水，捞起备用。

3 将所有材料放入砂锅中，加水至盖过食材，大火煮开后盖上锅盖，转小火慢炖至少40分钟至鸡肉熟烂，起锅前加盐调味即可。

芝麻龙须菜

材料（一人份）

龙须菜300克　白芝麻5克　橄榄油20毫升
芝麻油8毫升　日式昆布酱油30毫升
蒜末5克　胡椒粉5克　柠檬汁5毫升

做法

1 龙须菜洗净，切成小段；所有调味料混匀成酱汁备用。

2 将龙须菜放入滚水中氽烫，氽烫完马上泡冷水，降温后捞起沥干备用。

3 在沥干的龙须菜上倒入酱汁，用筷子搅拌均匀，静置10分钟使其入味。

4 将入味的龙须菜撒上白芝麻，稍微拌匀即完成。

鲜蔬塔香饭

材料（一人份）
玉米笋3根
秋葵3根
辣椒80克
火腿50克
豆干2块
罗勒5克
鸡蛋1个
饭150克
食用油10毫升
酱油10毫升

做法

1 辣椒切斜片；玉米笋、秋葵洗净，切小段；豆干切丁；火腿切丁，罗勒略切碎。

2 鸡蛋取蛋黄，与米饭一起拌匀。

3 起油锅，下火腿拌炒出油香，加入豆干、秋葵、玉米笋一起炒熟。

4 下拌好的米饭和酱油拌炒熟透，再放入罗勒及辣椒拌炒均匀即可。

扫一扫，轻松学 ·············

银耳莲子红枣汤

材料（一人份）

银耳15克　莲子40克　红枣40克　冰糖10克

做法

1 银耳泡发，将蒂切除后切成小块；莲子、红枣分别洗净备用。

2 将莲子、红枣、银耳加入适量清水和冰糖，用大火煮沸。

3 盖上锅盖，再用小火煮30分钟即可。

红枣茶

材料（一人份）

干红枣10颗　白糖10克　蜂蜜适量

做法

1 将红枣放在冷水中，迅速清洗沥干，用刀背拍破，备用。

2 取汤锅，放入红枣后注入500毫升清水煮沸。

3 转小火，上盖慢煮20分钟，让味道更融入水中。

4 加入白糖，搅拌至溶化后关火，再闷10分钟至出现汤色即可。

5 饮用前加入蜂蜜拌匀即可。

山楂粥

材料（一人份）

山楂 50克　粳米50克　黑糖10克　黑枣8颗

做法

1 将粳米、山楂、黑枣分别洗净。

2 取汤锅，放入800毫升清水煮开，接着放入山楂、粳米、黑枣。

3 待再次煮开后，稍微搅拌，再转中小火续煮30分钟，最后加入黑糖拌匀即可。

part5

产后第四周
精选食谱

一般提及的"回春周"就是指产后第四周,这个时期,妈妈们应该着重于体力的恢复,选择温补性食物来安排饮食。此阶段的饮食调养重点在于滋补养身、预防老化,但还是要减少油脂的摄入,以免造成身体负担,从而无法恢复产前的轻盈身材。

产后第四周体质变化

产后第四周虽是月子周期的末尾，但很多事项仍需注意，才能让妈妈们的身材恢复得更好。中医称产后第四周为"回春周"，这一周的重点在于滋补养身、预防老化，从均衡饮食的角度来作调养。

这一周，妈妈们的身体仍然存在小幅度的变化。虽然没有强烈感受，但子宫的体积、功能仍在恢复中，子宫颈会在这个阶段恢复到正常的大小，随着子宫逐渐恢复，新的内膜也正在逐渐生长中。

若是到了此时期仍有出血情况，应尽快咨询医生。另外，妈妈们在这周应继续坚持产褥体操的练习，才能让子宫、腹肌、阴道及盆底肌恢复得更快速、更好。

产后第四周，妈妈们的乳汁分泌已经增多，容易患上急性乳腺炎，因此需要密切观察乳房情况。若是真有乳腺炎，一定要保持情绪稳定，定时给宝宝哺乳，尽量维持乳汁的畅通。

这个时期，若要和宝宝一起去医院进行健康检查，可以适当地出门，外出时最好不要穿高跟鞋，并且得注意宝宝哺乳的时间。虽说可以出门，还是有两大要点需遵守，第一、不宜出远门；第二，不宜带宝宝到人多的地方去。

进入产后第四周，妈妈们与宝宝在哺乳过程中，感情大为增进、越来越深厚，加上身体恢复的不错，整体而言，心情是开朗而喜悦的。

产后第四周饮食调理重点

产后第四周，妈妈们应该开始着重体力的恢复，这个时期可以选择温补性的食物来安排饮食。

若刚好在冬天，可以选择像是羊肉、鲜鱼以及猪蹄等滋养气血的温补食物，尤其是鲜鱼，做成鱼汤除了可以补充妈妈们的能量，还可以帮忙催乳。

虽然这个时期可以摄取一些滋补养身的料理，但是要减少油脂的摄入，以免造成身体负担，从而无法恢复产前的轻盈身材。

简单的几个小秘诀，便能避免摄入多余油脂，例如在食用麻油鸡汤时，将浮油撇去或鸡肉去皮后再吃、还能以汤取代部分鸡肉等，这些方式不但可以摄取足够的蛋白质，还可以减少脂肪的摄取。

另外，在饮食方面可以适时安排药膳煲汤，但是有几点需要注意，在料理药膳煲汤前，必须了解药材特性是什么。寒、热、温、凉的特性各不相同。因此，若对药材不甚熟悉，最好选择没有强烈药效的枸杞、当归等一般药材。

妈妈们无论是否需要哺乳，对于这时期的饮食调理都不应该掉以轻心，这一周是产后恢复的关键时期，身体各个器官正逐渐恢复到产前的状态，开始有效率而积极地运作，这时候需要更多的营养来帮助运转，才能让妈妈们尽快恢复元气，回到产前的良好状态。

虫草乌骨鸡

材料（一人份）

乌骨鸡1000克
冬虫夏草5克
白参须5克
淫羊霍10克
黄芪10克
天花粉10克
干香菇4朵
红枣3颗
枸杞10克
葱段20克
姜片5片
料酒15毫升
盐5克

做法

1 干香菇、冬虫夏草分别泡水备用。

2 将白参须、淫羊霍、黄芪、天花粉洗净，沥干后装入纱布袋，放入砂锅中煮30分钟，炼出药性。

3 乌骨鸡洗净、剁块后，氽烫去血水备用。

4 将鸡肉、香菇、冬虫夏草、红枣、枸杞、葱段、姜片、料酒及纱布袋放入砂锅中，再注入药汤，用小火炖煮2小时。

5 捞出纱布袋，加盐调味即可。

营养小叮咛

冬虫夏草有调节免疫系统功能的作用，长期服用有助于调养虚弱体质；白参则可大补元气、益血、养心安神、清热润肺、养胃生津。两者和乌骨鸡熬汤可补血滋阴、补肺肾、益精髓。

烤芝麻猪排

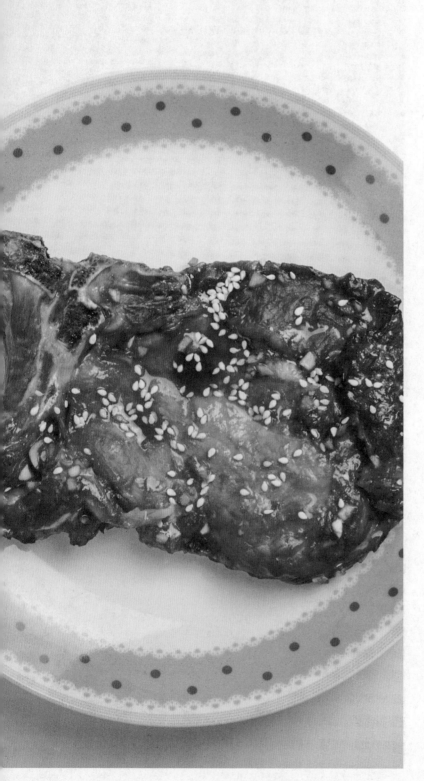

材料（一人份）

白芝麻少许
猪大排150克
蒜头25克
食用油5毫升
生粉少许
酱油10毫升
白糖5克
米酒10毫升

做法

1. 将白芝麻干锅炒香；蒜头洗净，切末；铝箔纸预先抓皱备用；取小碗，放入酱油、白糖与米酒拌匀。

2. 猪排先用肉槌拍打，再用生粉均匀抹上；取大碗放入猪排、蒜末及调好的酱料腌渍10分钟。

3. 烤箱以200℃预热10分钟，将铺在烤盘上的铝箔纸用刷子涂上一层薄薄的食用油。

4. 将猪排肉放入烤箱烤熟，食用前撒上白芝麻即可。

扫一扫，轻松学

烩豆腐

材料（一人份）

豆腐200克　黄瓜50克　胡萝卜50克
生粉15克　芝麻油5毫升　食用油5毫升
盐5克　酱油15毫升　鲜汤50毫升
葱花10克　姜末10克

做法

1 将豆腐切成丁，放入滚水中焯烫，捞出
　后沥干水备用；生粉加水调匀。

2 胡萝卜去皮，和黄瓜分别洗净，均切成
　4厘米见方的丁状。

3 起油锅，油热后放入葱花、姜末爆香，
　随即添入鲜汤、酱油和盐。

4 煮滚后放入豆腐丁、黄瓜丁和胡萝卜
　丁，再次煮滚。

5 用水淀粉勾薄芡，再淋上芝麻油即可。

葱烧豆包

材料（一人份）

豆包80克　青葱40克　姜10克　白糖5克
蚝油5克　酱油5毫升　食用油5毫升

做法

1 豆包洗净，沥干水分；葱洗净，切段；姜洗
　净，切末。

2 起油锅，放入豆包煎香，待两面微有焦色即
　可取出，在熟食砧板上切成四等份。

3 利用锅里的余油，爆香姜末与葱段，待香
　味传出后放入豆包一起拌炒。

4 放入蚝油、酱油及白糖，拌炒均匀即可。

黄芪枸杞母鸡汤

材料（一人份）
黄芪10克　枸杞5克　母鸡500克　生姜片4片
绍兴酒15毫升　白胡椒粉5克　盐5克
米酒5毫升

做法

1 母鸡洗净、切块，入锅且加入米酒一起余烫、去腥，接着捞出备用。

2 将鸡块、生姜片、黄芪、枸杞、白胡椒粉和绍兴酒都放入锅中，倒入淹过食材的清水，用大火煮开。

3 接着转小火，盖上锅盖，续炖至鸡肉熟软，放入盐调味即可。

菠萝鸡球

材料（一人份）
去骨鸡腿150克　菠萝70克　青椒30克　红椒30克　蒜末10克　葱花10克　酱油15毫升　食用油5毫升　白糖2克

做法

1 去骨鸡腿洗净，切块；菠萝洗净，取肉，切块；青椒、红椒分别洗净，去蒂和籽，切块备用。

2 热油锅，下鸡腿肉，炒至微黄，再放入葱花、蒜末、白糖、酱油、青椒、红椒，翻炒片刻。

3 最后放入菠萝炒匀即可。

咸蛋青花菜

材料（一人份）
咸蛋1个　西蓝花100克　蒜10克　食用油5毫升

做法

1 西蓝花洗净，切小朵；蒜洗净，切大片。

2 将咸蛋白、咸蛋黄分离后，将蛋白、蛋黄分别剁成碎末。

3 起油锅，爆香蒜片，炒至香味传出后，放入西蓝花一起拌炒，待西蓝花炒熟后加入蛋黄一起拌炒。

4 将咸蛋黄炒至起泡，再放入咸蛋白炒匀即可。

黄豆芽木耳炒肉丝

15 MIN

材料（一人份）

黄豆芽60克　　木耳30克
肉丝150克　　豆瓣酱10克
盐少许　　白糖少许　　食用油5毫升
生粉5克　　酱油10毫升

做法

1 木耳洗净，切丝；黄豆芽洗净，去根须。

2 取小碗，放入肉丝、酱油及生粉均匀抓
　腌，并静置10分钟入味。

3 起油锅，放入腌好的肉丝炒至半熟后捞
　出备用。

4 原锅中放入木耳、黄豆芽炒至半熟，
　放入肉丝拌炒均匀，再加入豆瓣酱、
　盐、白糖一起拌炒。

5 放入少许水，加盖焖煮至收汁，即可起
　锅食用。

土豆炒肉丝

20 MIN

材料（一人份）

土豆100克
肉丝150克
葱20克
盐5克
食用油5毫升
生粉20克

做法

1 土豆洗净后，去皮、切丝、泡水；葱洗
　净，切段；肉丝洗净后，加入生粉拌匀，
　备用。

2 起水锅，加入土豆氽烫后捞出、沥干。

3 起油锅，放入葱段爆香，再加入肉丝炒至
　八分熟。

4 加入土豆、盐拌炒均匀，待土豆熟透后即
　可起锅食用。

烤芝士三文鱼

35 MIN

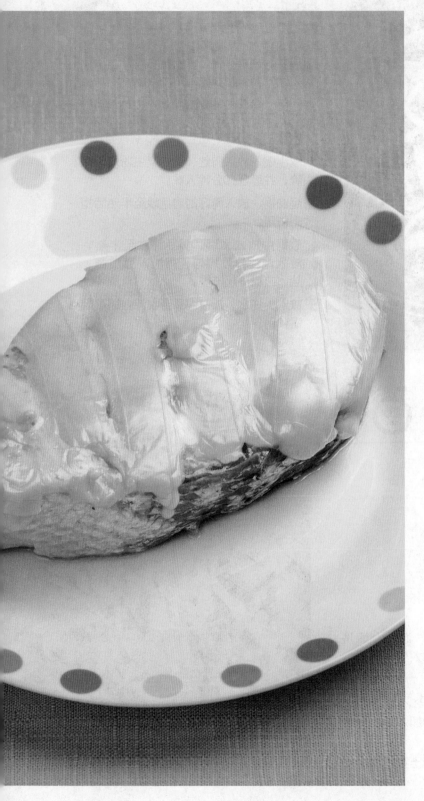

材料（一人份）
低脂芝士1片
三文鱼200克
盐5克
料酒10毫升
食用油适量

做法

1 三文鱼用料酒、盐抓腌后，再在两面各刷上一层薄薄的油。

2 将芝士片切粗丝，铺平在三文鱼上。

3 烤箱以200℃预热10分钟，并将铺在烤盘上的铝箔纸以刷子涂上一层薄薄的油。

4 将三文鱼放入烤箱内，烤至三文鱼熟透、芝士融化即可。

扫一扫，轻松学 ············

牛蒡烩鸡腿

材料（一人份）

鸡腿150克　　牛蒡30克　　胡萝卜30克
蒜头2颗　　玉米笋30克　　食用油5毫升
酱油15毫升　　芝麻油5毫升

做法

1 将鸡腿洗净、切成大块状后，氽烫
备用；胡萝卜切片；蒜头拍扁；玉米笋
洗净，切斜刀。

2 牛蒡洗净后，切成斜刀片，放入滚水中
焯烫，再捞出、沥干。

3 起油锅，爆香蒜片，放入胡萝卜、玉米
笋，中火拌炒至熟透。

4 加入鸡腿、牛蒡、酱油及少许水一起
煨煮10分钟，待鸡腿入味后，淋上芝麻
油增香，即可起锅盛盘食用。

青椒肉末炒黄豆芽

材料（一人份）

黄豆芽150克
胡萝卜20克
青椒40克
猪绞肉50克
食用油2毫升
盐5克

做法

1 黄豆芽洗净，去尾；青椒洗净后剖半、去
籽，切丝；胡萝卜洗净，切丝。

2 起油锅，放入猪绞肉，中火慢煎出猪油。

3 加入胡萝卜、黄豆芽一起拌炒，炒至胡萝
卜、黄豆芽都熟透。

4 放入青椒、盐一起拌炒均匀，待青椒熟
软后便可起锅食用。

西红柿卤肉

材料（一人份）
猪肉150克　西红柿50克　葱5克
五香粉5克　食用油2毫升　盐5克

做法

1. 猪肉洗净，切块；西红柿洗净后，除去蒂头、切块；葱洗净，切段。

2. 热油锅，放入葱段爆香，再下肉块炒香。

3. 放入西红柿炒香后，加入盐、五香粉及150毫升水，大火熬煮至沸腾。

4. 待锅内沸腾后，加盖、转小火，继续焖煮20分钟，即可起锅食用。

水晶猪蹄

材料（一人份）
猪蹄250克　盐5克　米酒5毫升
姜15克　葱15克

做法

1. 猪蹄洗净后，刮净毛、去骨；葱洗净，切小段；姜洗净后切片。

2. 起水锅，加入猪蹄、盐、米酒、葱段及姜片一起炖煮至沸腾，再转小火熬煮半小时。

3. 待猪蹄全熟后，取出、沥干、切片，即可盛盘食用。

山药酥

材料（一人份）
白山药250克　紫山药250克　黑芝麻30克　食用油10毫升克　白糖5克　生粉5克

做法

1. 山药洗净后，去皮、切长条、撒上生粉；黑芝麻干锅炒香，盛盘备用。

2. 起油锅，放入山药煎至熟透，待其呈现外软内硬的状态，便可盛盘备用。

3. 另取一锅，加入白糖与少许水炒化，糖液炒至黏稠后放入山药，让山药均匀沾黏糖液。

4. 糖液尚未凝固时，撒上黑芝麻，即可盛盘食用。

干拌粄条

材料（一人份）
去骨鸡腿150克
粄条1份
芹菜30克
米酒10毫升
白糖10克
黑醋30克
酱油40毫升
食用油适量

做法

1 芹菜洗净，切末；鸡腿洗净，切块；在小碗里混合所有调味料。

2 热油锅，将鸡腿煎至金黄色，备用。

3 放入粄条拌炒均匀，再加入调好的酱汁、100毫升水一起拌炒至收汁。

4 加入芹菜末拌炒3分钟，盛盘后铺上鸡腿块即可。

莎莎酱金枪鱼意大利面

材料（一人份）

洋葱50克	西红柿200克	蒜头3瓣
熟西蓝花15克	香菜5克	黑胡椒2克
橄榄油10毫升	柠檬20克	盐2克
水煮金枪鱼50克	白糖2克	
米酒10毫升	意大利扁面1份	

做法

1 洋葱、西红柿切丁；蒜头切末；将洋葱丁、西红柿丁、蒜末、橄榄油、柠檬汁、白糖、盐、黑胡椒拌匀，制成莎莎酱。

2 面条加盐氽烫后捞起冰镇。

3 将面条与莎莎酱拌匀，最后铺上金枪鱼与熟西蓝花即可。

牡蛎面线

材料（一人份）

牡蛎300克　　白面线50克　　生粉10克
蒜头2瓣　　葱10克　　食用油5毫升　　酱油膏30克
芝麻油5毫升　　胡椒粉5克　　白糖5克

做法

1　葱洗净，切段；蒜头洗净后去皮、切末；面线
　　汆烫后备用。

2　牡蛎洗净，均匀裹上生粉后放入滚水中，用小
　　火熬煮至其漂浮便可捞起备用。

3　起油锅，将蒜末跟葱段一起爆香，加入500毫
　　升煮牡蛎的水，放入面线与牡蛎。

4　加入酱油膏调色，最后再放进芝麻油、胡椒粉
　　以及白糖，拌匀即可起锅。

韩式炒乌龙

材料（一人份）

韩式泡菜50克　　猪肉片50克
蒜末20克　　乌龙面1份　　酱油20毫
升　　韩式泡菜汁20毫升

做法

1　起油锅，爆香蒜末，再放进猪肉片
　　煎至一面微焦。

2　放入韩式泡菜均匀拌炒，炒至猪肉
　　片两面皆呈现熟色。

3　下乌龙面充分拌炒，使酱汁沾附在
　　面条上，再下酱油、韩式泡菜汁拌
　　炒均匀即可。

榨菜肉丝面

材料（一人份）

榨菜50克　　猪肉丝80克　　蒜末10克　　葱3支
小白菜50克　　粗面1份　　盐5克　　食用油5毫升
芝麻油5毫升　　酱油30毫升　　白糖10克

做法

1　小白菜、葱洗净，切段；面条加盐汆烫备用。

2　起油锅，爆香葱段与蒜末，下肉丝炒香，肉丝
　　两面炒至熟色，加200毫升水熬煮。

3　加入酱油、白糖调味，汤汁煮滚后再放入榨
　　菜、小白菜煮至熟色。

4　起锅前点上芝麻油，均匀地淋在面条上即可。

雪菜肉丝面

材料（一人份）

瘦肉100克　　雪菜60克　　笋子30克
姜末15克　　葱花15克　　细面1份
米酒10毫升　　食用油10毫升　　盐10克

做法

1 笋子切丝；雪菜去除头部并切末；面条加盐汆烫后，盛盘备用。

2 起油锅，爆香姜末与葱花，加入肉丝拌炒，炒至肉丝略有熟色，便可以加入笋丝、雪菜拌炒。

3 沿着锅边倒入米酒呛香后，拌炒均匀，加盐调味。

4 在锅里倒入适量水一起熬煮，水位需盖过食材，沸腾后即可起锅。

5 在汆烫好的面条上，均匀地淋上汤料即可。

西红柿牛肉面

材料（一人份）

牛肉50克　　西红柿200克　　葱1支　　蒜15克
粗面1份　　食用油10毫升　　豆瓣酱10克　　盐
5克　　芝麻油5毫升　　白胡椒5克

做法

1 牛肉洗净，切片；葱、蒜洗净，切末；西红柿洗净，切块；牛肉汆烫备用；面条加盐汆烫备用。

2 起一锅水约600毫升，加入牛肉熬煮，沸腾后转中火继续熬煮20分钟。

3 起油锅，爆香蒜末后，加入牛肉炒香，下豆瓣酱均匀拌炒。

4 再加入西红柿、面条、盐、芝麻油以及白胡椒拌炒均匀，3分钟后即可起锅，盛盘后撒上葱末即可。

剥皮辣椒排骨面

材料（一人份）
剥皮辣椒100克
排骨120克
山药80克
面条1份
米酒10毫升
酱油30毫升
白糖5克

做法

1 竹笋洗净，切片；面条汆烫备用。

2 起一锅水，放入剥皮辣椒、排骨、山药熬煮至沸腾，待沸腾后转小火继续熬煮。

3 待山药熟烂后，放入面条继续熬煮，再放入酱油与白糖搅拌均匀。

4 等到锅里再次沸腾后，放入米酒，即可起锅食用。

扫一扫，轻松学 ┄┄┄┄┄┄

奶香西蓝花

材料（一人份）
西蓝花150克
姜20克
奶油5克
水淀粉10毫升
牛奶80毫升
盐5克

做法

1 姜洗净，切末；西蓝花洗净，切小朵。

2 起一锅水，将西蓝花放入氽烫，熟后捞出沥干。

3 锅中加入奶油，爆香姜末，再放入西蓝花均匀拌炒。

4 最后下牛奶与盐拌炒均匀，再沿锅缘下水淀粉勾芡即可关火、起锅。

炒红薯叶

材料（一人份）
红薯叶200克
姜20克
盐5克
食用油5毫升

做法

1 红薯叶洗净、去除老叶，单叶分开后沥干备用；姜洗净，切丝。

2 起油锅，放入姜丝爆炒出香味。

3 放入红薯叶一起拌炒至熟色。

4 最后放入盐来回拌炒均匀，即可起锅食用。

苹果玉米蘑菇汤

材料（一人份）

苹果100克　玉米粒25克　蘑菇3朵　盐5克

做法

1 苹果洗净，切丁；蘑菇洗净，切片。

2 起一锅水，加入适量水，放入玉米粒、苹果及蘑菇，用大火熬煮。

3 煮至沸腾后，转小火继续熬煮30分钟，待苹果熟烂后，加入盐搅拌均匀即可。

小豆苗拌核桃仁

材料（一人份）

小豆苗200克　熟核桃50克
盐5克　白糖5克
醋5毫升　芝麻油5毫升

做法

1 小豆苗用开水洗净后，盛盘备用。

2 准备研钵，放入核桃捣碎。

3 将盐、白糖、醋及芝麻油放在小碗里搅拌均匀。

4 将酱汁均匀地撒在小豆苗上，最后撒上核桃碎增香即可。

腐乳空心菜

材料（一人份）

空心菜150克　白豆腐乳30克　姜末20克
食用油5毫升

做法

1 空心菜洗净、去老梗后，切成小段；白豆腐乳放入碗中，压泥备用。

2 起油锅，放入姜末爆香，再放入空心菜一起拌炒。

3 放入豆腐乳拌炒均匀，炒的过程中可加入少许水一起拌炒，以免空心菜炒到过干，待空心菜呈现熟色即可盛盘。

萝卜海带汤

材料（一人份）
海带结80克
白萝卜120克
盐5克

做法

1 海带结洗净；白萝卜洗净，切大块。

2 将海带结、白萝卜放入锅中，加适量清水，煮至海带熟透。

3 加入盐搅拌均匀，即可起锅食用。

蘑菇茄子

材料（一人份）
茄子2条　　蘑菇50克　　青豆50克　　板栗50克
食用油5毫升　　酱油10毫升　　白糖5克
生粉5克

做法

1 茄子洗净，切成滚刀块；蘑菇洗净，切片；板栗去壳，烫熟备用；生粉加水调和备用。

2 起一锅水，将茄子烫熟后，盛盘备用；取研砵，将板栗放入捣碎。

3 另起油锅，加入蘑菇、青豆及烫熟的茄子一起拌炒，待蘑菇炒软后，加入板栗碎炒匀。

4 加入白糖及酱油一起小火熬煮入味，待酱香味弥漫后，再沿着锅缘淋上水淀粉即可盛盘。

竹荪鲜菇汤

25 MIN

材料（一人份）
竹荪5个
鲍鱼菇50克
香菇10克
姜丝20克
芹菜末少许
盐5克

做法

1 竹荪洗净后，将之加水浸泡软化，再切小段备用。

2 鲍鱼菇将梗切下，再对半切，其余部分切片；香菇切片备用。

3 起水锅，放入竹荪、姜丝、鲍鱼菇、香菇及香菇水一起熬煮。

4 最后加盐调味，撒上芹菜末，即可起锅食用。

扫一扫，轻松学 ············

凉拌柠檬藕片

材料（一人份）
莲藕180克
柠檬50毫升
蜂蜜10克
盐5克

做法

1 莲藕洗净后，去皮切薄片；柠檬洗净，取皮切丝。

2 起一锅水，加入盐、莲藕片一起煮，待莲藕熟后，沥干、放凉备用。

3 挤柠檬汁，加入蜂蜜一起调和。

4 将放凉的藕片浸在做法3的汁中，放入冰箱1小时，使之入味。

5 将做法4的食材取出后，另准备一盘，将藕片排列整齐，撒上柠檬丝、淋上少许汤汁即可。

白菜牛奶汤

材料（一人份）
白菜180克
枸杞10克
香菇20克
盐5克
食用油5毫升
牛奶300毫升

做法

1 白菜洗净后，切成适口长度；枸杞及香菇洗净，切片。

2 起油锅，加入香菇拌炒出香味，再放入白菜一起拌炒；加入100毫升的清水与牛奶，用小火熬煮至沸腾。

3 待白菜熟软后，加入枸杞与盐搅拌均匀即可。

山药香菇鸡 30 MIN

材料（一人份）

山药100克　　胡萝卜50克　　鸡腿150克
干香菇3朵　　酱油10毫升　　食用油5毫升

做法

1 山药洗净、去皮并切片；胡萝卜洗净，切片；香菇泡软、去蒂，切成四等份；鸡腿洗净后，剁成小块。

2 起油锅，放入鸡腿，将其煎至表面金黄。

3 放入香菇、山药、胡萝卜拌炒均匀，再加入酱油，并放入少许泡香菇的水一起熬煮。

4 继续熬煮10分钟，待胡萝卜、山药皆已熟透，汤汁烧干时便可出锅。

蒜蓉空心菜 30 MIN

材料（一人份）

空心菜200克　　蒜20克
食用油10毫升　　盐5克

做法

1 将空心菜挑去老叶、切去根部后洗净，切成适口长段；蒜洗净，切成蒜蓉。

2 热油锅，放入蒜蓉爆香，待香味传出后，再下空心菜来回翻炒。

3 待空心菜拌炒至熟色，加盐，翻炒均匀即可。

木耳炒姜丝 15 MIN

材料（一人份）

木耳100克　　姜10克　　青葱1根　　蒜末10克
白醋5毫升　　盐15克　　食用油5毫升

做法

1 木耳、姜及青葱洗净，切丝备用。

2 取一碗，放入冷开水及葱丝，使其维持翠绿。

3 起油锅，放入蒜末爆香，再下姜丝、木耳丝一起拌炒至八分熟；加入白醋拌炒至全部吸收，再下盐、少许水一起拌炒均匀。

4 待木耳熟透后即可装碗，最后加入葱丝即可。

洋葱青椒肉丝

材料（一人份）

瘦肉丝150克　　青椒100克　　洋葱80克
食用油5毫升　　盐10克　　生粉15克
米酒5毫升

做法

1 青椒洗净后，去蒂头、切丝；洋葱洗净后，去皮、去蒂头，切丝备用；生粉加水调和。

2 取小碗放入肉丝，加入米酒均匀抓腌。

3 起油锅，爆香洋葱末，再放入肉丝、洋葱丝一起拌炒，待肉丝呈现熟色，加入青椒继续拌炒。

4 待青椒熟后，加入盐拌炒均匀，再沿着锅边淋上水淀粉略炒，即可起锅食用。

鲜鱼粥

35 MIN

材料（一人份）

白鱼肉100克　　豆皮40克　　米饭150克　　葱15克　　姜15克　　盐5克　　胡椒粉5克　　芝麻油5毫升

做法

1 鱼肉洗净，切片；豆皮切段；葱洗净，切末；姜洗净，切丝。

2 起水锅，放入姜丝及鱼片一起熬煮，待鱼片呈现熟色，捞起备用。

3 在鱼汤里放入米饭、豆皮，熬煮至米粥呈现稠状。

4 将稍早捞起的鱼片放入一起熬煮，再下盐、胡椒粉均匀搅拌，起锅前撒上葱末及芝麻油，即可食用。

珍珠三鲜汤

材料（一人份）

鸡肉100克　胡萝卜50克　豌豆50克　西红柿100克　蛋白半个　盐5克　生粉5克　芝麻油5毫升

做法

1 豌豆洗净；胡萝卜、西红柿分别洗净、切丁；鸡肉洗净后，剁成肉泥。

2 把蛋白、鸡肉泥与生粉放在一起，搅拌均匀，再捏成丸子状。

3 将豌豆、胡萝卜及西红柿放入锅中，加水煮沸，再下盐搅拌均匀，最后放入丸子一起熬煮，待入味后，撒上芝麻油增香即可起锅。

麻油红凤菜

材料（一人份）

红凤菜100克　姜20克　盐5克　芝麻油20毫升

做法

1 红凤菜洗净后，去老叶、切段；姜洗净，切丝。

2 在锅里加入10毫升芝麻油，爆香姜丝。

3 加入红凤菜及剩余芝麻油一起拌炒，起锅前加盐拌炒均匀即可。

麻油姜焗猪肝

材料（一人份）

猪肝150克　姜30克　米酒10毫升　盐5克　芝麻油10毫升

做法

1 猪肝洗净，切片；姜洗净，切片。

2 取大碗，将猪肝、米酒放入一起抓腌。

3 取一锅，用芝麻油爆香姜片，待香味传出后，再下猪肝。

4 猪肝煎至熟透后，加盐拌炒均匀，即可起锅食用。

奶汁海带

25 MIN

材料（一人份）
水发海带100克
蜂蜜50克
牛奶150毫升
奶油10克
白葡萄酒25毫升
柠檬2片

做法

1 水发海带洗净后，切成菱形片，入锅煮软，再捞出、沥干。

2 将奶油在砂锅中融化，再放入牛奶、蜂蜜、海带、白葡萄酒一起熬煮，沸腾后转小火继续熬煮，待海带片附上奶浆即关火、盛盘，再放上柠檬片装饰即可。

红烧豆腐

15 MIN

材料（一人份）
板豆腐110克
食用油5毫升
酱油5毫升
白糖5克
青葱15克

做法

1 板豆腐洗净，切大块；葱洗净，切长段。

2 起油锅，将葱段放入爆香。

3 放入少许水、板豆腐、酱油及白糖一起熬煮，沸腾后转小火煮至入味，待豆腐入味后即可起锅。

照烧花椰杏鲍菇

材料（一人份）

杏鲍菇100克　西蓝花100克　姜5克　葱30克
蒜10克　食用油5毫升　酱油10毫升　白糖5克
芝麻油少许

做法

1 杏鲍菇切块；葱切段；姜、蒜切片；西蓝花洗
　净、取小朵，焯烫后备用。

2 起油锅，加入姜片、蒜片、葱段爆香，再放入
　杏鲍菇拌炒。

3 加入西蓝花，用中火翻炒，再加入酱油、白
　糖、芝麻油一起翻炒入味即可。

姜汁肉片

材料（一人份）

猪肉片150克　酱油5毫升　白糖5克
芝麻油5毫升　姜泥20克　生粉5克
辣椒丝40克　姜汁30毫升

做法

1 猪肉片加入姜泥后均匀抓腌，静置
　10分钟；生粉加水调和。

2 取一锅，将猪肉片、酱油、白糖拌炒
　均匀，再加入姜汁一起熬煮。

3 熬煮入味后，淋上水淀粉、芝麻油，
　最后撒上辣椒丝增色即可。

蜜烧秋刀鱼

材料（一人份）

秋刀鱼2尾　白芝麻5克　姜泥10克　盐5克
料酒10毫升　酱油10毫升　味淋5毫升

做法

1 秋刀鱼洗净后，用剪刀剪开肚子，去除内脏。

2 将盐、料酒和姜泥均匀地抹在鱼身上，腌渍10
　分钟。

3 锅中加入腌好的秋刀鱼、酱油、味淋，一起熬
　煮至入味，最后撒上白芝麻即可起锅。

莲子炖猪肚

材料（一人份）
猪肚80克
去心莲子15克
山药10克
姜片10克
盐5克

做法

1 莲子加水泡发后备用；猪肚洗净，放入沸水中煮至软烂，再捞出冲洗、切块。

2 起水锅，加入猪肚、姜片、山药及莲子一起熬煮，待沸腾后，转小火继续炖煮40分钟。

3 最后加入盐搅拌均匀，即可起锅食用。

腰果虾仁

材料（一人份）
虾仁60克　腰果30克　葱花10克　盐10克
米酒5毫升　生粉5克　蛋白1个
姜末5克　食用油10毫升

做法

1 虾仁用盐、米酒及蛋白腌渍后，裹上生粉，过油备用。

2 利用做法1的油，把腰果放入煎酥，再捞出备用。

3 利用余油爆香姜末、葱花，加入虾仁、腰果一起拌炒，再下盐调味即可起锅食用。

桂圆羹 40 MIN

材料（一人份）

桂圆干50克　鸡蛋1个　白果10克
红枣6个

做法

1 白果、红枣洗净备用。

2 起水锅，加入红枣、桂圆干及白果
一起熬煮，沸腾后转小火继续熬煮
半小时。

3 待食材入味后，打入鸡蛋，继续熬
煮至鸡蛋熟透，即可起锅食用。

清炒猪蹄筋 35 MIN

材料（一人份）

猪蹄筋200克　豆荚80克　葱10克　食用油5毫
升　蚝油10克　米酒5毫升　水淀粉20毫升

做法

1 葱洗净，切段；豆荚洗净，焯烫；猪蹄筋洗净
后切条、汆烫，再捞出、沥干。

2 起油锅，爆香葱段，加入猪蹄筋、豆荚、
米酒、蚝油及少许水煨煮，快速翻炒几下，
使猪蹄筋均匀受热。

3 煮至沸腾后，沿锅边均匀淋上水淀粉，勾好薄
芡，熬煮至汤汁收浓即可。

彩椒鸡丁

材料（一人份）

红椒50克
黄椒50克
鸡胸肉100克
盐5克
食用油5毫升
生粉5克

做法

1 红椒、黄椒洗净后切块。

2 鸡胸肉洗净、切丁，加入生粉，腌渍数分钟。

3 起油锅，将鸡丁炒至半熟，再放入红椒块、黄椒块炒熟，最后加盐调味即可。

胡萝卜洋葱炒蛋

材料（一人份）

胡萝卜60克
洋葱20克
鸡蛋2个
盐5克
食用油10毫升

做法

1 胡萝卜及洋葱洗净、切丝；鸡蛋打在碗里。

2 在鸡蛋中放入盐搅拌均匀。

3 起油锅，加入洋葱丝爆香，再放入胡萝卜丝炒软。

4 最后淋上拌好的蛋液，待鸡蛋煎熟后，即可起锅食用。

培根奶油蘑菇汤

材料（一人份）
蘑菇70克
培根25克
紫菜10克
柴鱼片10克
奶油5克
白芝麻10克
牛奶500毫升
面粉15克
盐5克

做法

1 蘑菇洗净，切片；培根切丁；紫菜切小丁。

2 将蘑菇、牛奶及250毫升水放入果汁机搅打成汁。

3 锅中加入奶油，煎香培根，再加入面粉炒香，放入做法2的食材，熬煮至沸腾。

4 待沸腾后，加入盐搅拌均匀便可起锅，食用前撒上紫菜、柴鱼片及白芝麻即可。

营养小叮咛 ▶

蘑菇富含18种氨基酸，包括人体自身不能合成、必须从食物中摄取的8种必需氨基酸，在蘑菇里都能找到。有些蘑菇中蛋白质的氨基酸组成比例甚至比牛肉的更好，研究发现，蘑菇的营养价值仅次于牛奶。

蘑菇炒青椒

材料（一人份）
蘑菇5朵
青椒40克
芝麻10克
食用油10毫升
盐5克

做法

1 将蘑菇、青椒清洗干净；青椒仔细去籽、去蒂头。

2 蘑菇切下蒂头后，与其余部分一起切成薄片。

3 青椒切成四等份之后，再按2厘米长度切开。

4 在平底锅里倒入食用油，放入蘑菇和青椒拌炒至熟。

5 放入盐，再撒上芝麻拌匀，最后将锅里的食材均匀地盛在盘中即可食用。

青江干丝糙米饭

材料（一人份）
糙米饭150克
上海青40克
豆干2片
食用油5毫升
盐5克

做法

1 上海青洗净后，切末备用。

2 豆干洗净后，先切成豆干片，再切丝备用。

3 起油锅，放入糙米饭炒香，待糙米饭香气传出后，放入豆干丝来回拌炒1分钟。

4 再放入上海青拌炒至熟色，加盐调味，即可盛盘食用。

黑芝麻花生粥

材料（一人份）
黑芝麻20克
花生20克
白米150克
冰糖10克

做法

1 白米洗净后备用。

2 取研钵，将黑芝麻倒入捣碎，使米粥在熬煮过程中更容易入味。

3 在研钵中，倒入花生一同捣碎。

4 起一锅水，加入白米熬煮，待米粒煮开后加入冰糖搅拌均匀。

5 将黑芝麻及花生碎放入一起熬煮，待米粥呈现稠状即可起锅食用。

营养小叮咛 ▸▸▸▸▸▸▸▸▸▸▸

芝麻的脂肪虽多，但脂肪酸的比例优良，其多元不饱和脂肪酸约占45%，单元不饱和脂肪酸约占40%，饱和脂肪酸只占10%，因此反而有利血脂的调控。

水果糙米粥

材料（一人份）

橘子80克
糙米饭150克
蜂蜜30克

做法

1 橘子洗净后，剥皮、取肉、去籽。

2 起一锅水约600毫升，加入糙米饭一起熬煮至稠状。

3 放进橘子果肉一起熬煮，均匀搅拌后即可关火盛盘。

4 待放凉后，加入蜂蜜一起拌匀即可。

莲子枸杞粥

材料（一人份）

银耳10克
莲子20克
枸杞20克
米饭150克
冰糖10克

做法

1 银耳泡发、去蒂后，切成小块备用；莲子、枸杞洗净。

2 起一锅水，将米饭和莲子一起熬煮至沸腾，再放入银耳小火熬煮40分钟。

3 待莲子熟软后，再放入枸杞、冰糖搅拌均匀，待甜味均匀分布锅中即可盛盘。

西红柿沙拉

30 MIN

材料（一人份）

西红柿100克
苹果50克
百香果1颗
蛋黄酱15克
柳橙汁150毫升
冰糖5克
生粉10克

做法

1. 西红柿洗净后，在1/3的部位横切开，将果肉挖出后切成小块；苹果洗净后，去皮、切块；百香果洗净、切开，取果肉；生粉加水调合。

2. 取一个小碗，将苹果块、西红柿块、百香果肉与蛋黄酱拌匀，再用汤匙放入西红柿容器中便可盛盘。

3. 起一锅，将柳橙汁与冰糖熬煮至充分融合，待沸腾后，延着锅缘加入水淀粉均匀搅拌后，淋在做法2的食材上即可食用。

菠菜橙汁

10 MIN

材料（一人份）
菠菜50克
柳橙100克
胡萝卜50克
苹果100克

做法

1 菠菜洗净后切段；柳橙、胡萝卜与苹果洗净后，去皮、切块。

2 起一锅水，放入菠菜焯烫熟透后，捞起、沥干备用。

3 将柳橙、胡萝卜、苹果及烫熟的菠菜放入果汁机中一起榨汁后，即可装杯饮用。

牛奶馒头

70 MIN

材料（一人份）

面粉300 克
酵母粉5克
白糖5克
发粉5克
醋5毫升
食用油5毫升
牛奶50毫升

做法

1 用温开水将白糖化开，再加入酵母粉搅拌均匀，并倒进面粉中，放入发粉、醋、食用油以及牛奶充分搓揉成面团。

2 将面团放置一旁，发酵50分钟备用。

3 将发酵好的面团用擀面棍擀平，并卷成长条，再用刀切成大小相同的块状。

4 将切好的面团块放入蒸笼内蒸15分钟即可食用。

南瓜包

40 MIN

材料（一人份）

南瓜200克
糯米粉150克
藕粉30克
鲜香菇5朵
素肉酱30克
食用油20毫升
酱油10毫升
白糖5克

做法

1 南瓜洗净后，去皮、去籽，放入蒸锅中蒸熟；香菇洗净，切末。

2 将蒸熟后的南瓜压泥，与糯米粉、藕粉及食用油充分揉匀，放置一旁备用。

3 起油锅，将香菇炒香，再放入素肉酱、酱油及白糖拌炒均匀，盛盘备用。

4 将揉好的南瓜糯米团分成大小均匀的若干份，成包子皮后包入馅料，放入蒸锅蒸10分钟即可食用。

莲子红枣糙米粥

材料（一人份）
糙米70克
莲子20克
红枣5颗
白糖5克

做法

1 莲子洗净后去心浸水；红枣洗净后备用；糙米洗净后泡水。

2 取一锅，加入适量水与糙米、莲子一起熬煮，沸腾后转小火继续熬煮半小时。

3 待米粒煮开之后，加入红枣、白糖搅拌均匀，再熬煮15分钟即可食用。

银耳莲子汤

材料（一人份）
银耳150克
枸杞30克
鲜莲子100克
黑糖15克

做法

1 将购买回来的鲜莲子去心
  后洗净；银耳洗净，切小
  块；枸杞洗净，泡水。

2 起一锅水，加入银耳一起
  熬煮至沸腾，再下莲子继
  续用中火熬煮20分钟。

3 待莲子煮熟后，放入枸杞
  及黑糖搅拌均匀，等枸杞
  煮至膨胀后，即可盛盘
  食用。

麦片优酪乳

40 MIN

材料（一人份）
原味优酪乳250毫升
麦片30克
黑芝麻15克

做法

1 取大碗，将优酪乳盛盘；将麦片、黑芝麻分别装在小碗中备用。

2 取一锅，倒入黑芝麻不停翻炒干煎，待香味传出后，即可关火备用。

3 往盛装优酪乳的大碗里放入麦片搅拌均匀，最后在上面均匀地撒上炒香的黑芝麻即可。

杏仁奶露

25 MIN

材料（一人份）
杏仁100克
花生25克
鲜奶75毫升
白糖10克

做法

1 杏仁、花生分别去膜、洗净，泡水5小时后沥干备用；芝麻预先干锅炒香备用。

2 将泡过的杏仁、花生与鲜奶、300毫升水放入果汁机内搅打，滤除细渣。

3 取一锅，倒入做法2的食材，小火煮至沸腾，再加入白糖拌匀，过程中需不停搅拌，以免烧焦。

4 待白糖完全溶解之后即可装碗。

核桃蜂蜜豆浆

材料（一人份）
豆浆300毫升
核桃80克
蜂蜜30克

做法

1 取一锅，放入核桃干，煎出香味后便关火盛盘。

2 取研钵，将核桃放入，捣碎成末。

3 将豆浆、核桃碎倒入小碗中混合均匀。

4 再倒入蜂蜜，搅拌均匀即可食用。

梨子核桃汤

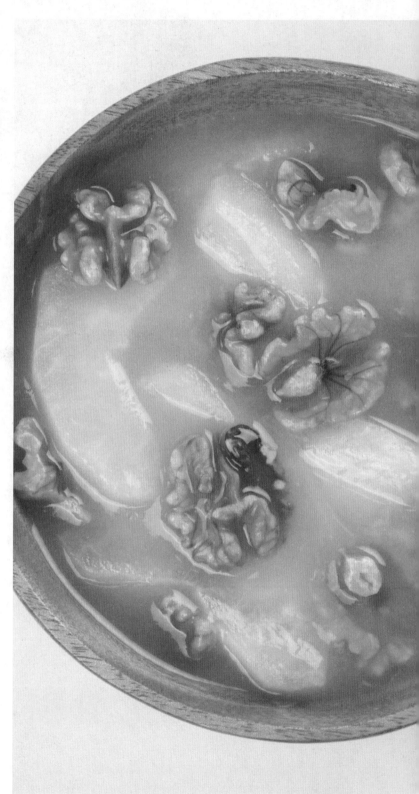

材料（一人份）

梨100克

核桃50克

冰糖20克

生粉10克

做法

1 梨洗净后去皮，切小块；
生粉以少许温开水调开。

2 取一锅，放入适量清水、
核桃及冰糖一起熬煮，沸
腾后放入梨继续熬煮。

3 待梨呈现透明状，再沿着
锅边均匀地淋上水淀粉即
可起锅食用。

part6

育儿小常识

结束坐月子以后，妈妈们首先要面临的就是宝宝的照护问题，虽然全家正沉浸在欢迎新生命的喜悦中，但不得不说，这个阶段的挑战也是前所未有的。为了让妈妈们快速上手，本单元搜罗大量实用的育儿知识，期待能够让妈妈们在宝宝的照护上更为顺利。

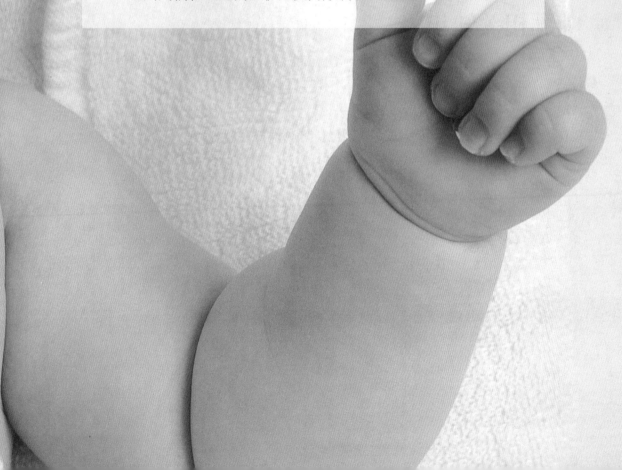

夫妻关系的改变

刚分娩后，妈妈不能过于劳累，只有充分休息后，才能做适量家务，如果家中经济条件允许，可以根据计划聘请保姆，或是延迟负荷较重的家务进行时间。

爸爸可以协助另一半购物、买菜、做饭等，使妈妈能够集中精神在看护宝宝上，分娩前后，若是爸爸可以休假几日，给予妈妈的帮助就更大了。

夫妻双方如果得到周遭亲友的帮助，处境也会缓和许多，例如询问已有丰富育儿经验的长辈，通过他们的建议，可以修正自己照护宝宝的方式。

当宝宝从医院回到家，家人、朋友、亲戚、妈妈的关心全部都集中在宝宝身上，爸爸应该积极地参与到育儿过程中来，在日常生活中，尽量跟妻子一起学习育儿知识。

建议爸爸积极帮助另一半看护宝宝，在喂食牛奶、换尿布、洗澡的过程中，爸爸也能从与宝宝的相处中，产生成就感。

随着宝宝的诞生，家庭结构也发生改变，这些改变可能影响夫妻相处模式。从两人世界变成三人世界，夫妻二人从单纯的配偶关系转为双亲关系，双方角色的重新定位，需要经过缜密思考。

妈妈的注意力多半都会集中在宝宝身上，因而忽视了另一半。夫妻间应该相互理解，注意沟通、交流，有时即便只是肢体的触摸与亲吻，双方心情都会有所提升。

哺乳相关知识

哺乳是妈妈们消耗最多体力和时间的事情，一般情况下，必须根据妈妈和宝宝的状态选择哺乳方式。

根据一天日程，每日必须至少定时哺乳一次，例如妈妈计划在早上9点哺乳，便需彻底贯彻，之后每日都在同时间哺乳，若刚好遇到宝宝睡觉的情况，应该使用技巧，轻柔地叫醒他；反之，若宝宝提前醒来，应该想办法分散他的注意，到了时间才喂食，最好不要任意更改哺乳规律。但如果宝宝啼哭不休，妈妈还是应以宝宝需求为主，并建立更完善的哺乳规律。

大部分宝宝会逐渐适应一定的规律，因此能建立固定的哺乳时间，但也有些宝宝无法适应有规律的生活，在这种情况之下，妈妈应该耐心地诱导和教育宝宝。

母乳喂养不仅会导致其他一连串问题，甚至会导致妈妈睡觉习惯随之改变，育儿过程中，几乎所有妈妈都曾为宝宝半夜起床过。

宝宝出生一个月内，大部分都会在夜间睡醒几次，只要喂食母乳，很快便能重新入睡，这个时候哺乳较喂食冲泡牛奶方便。

妈妈不在宝宝身边的情况下，为了分担妈妈的压力，可以搭配冲泡牛奶来喂食宝宝，爸爸也可以通过喂食的过程，增进亲子之间的情感。

挑选宝宝的用品

宝宝刚刚出生，日常生活中哪些是必需用品呢？只有详细了解宝宝的需求，才能备其所需。

准备衣服时，必须注意以下两点：第一，婴儿成长的速度很快，因此要尽量选择稍大点的衣服；第二，根据自己的生活水准购买合适的婴儿衣服。

冬天时，如果室内温度较高，可以不让宝宝穿毛衣，最好选择便于穿戴的衣服，例如以钮扣穿脱或是棉质的衣料。

婴儿用床则分为宝宝用床和大孩子用床，垫子也有高矮之分。若是使用高床垫，可便于看护宝宝；若使用低床垫，等宝宝略大后，能防止他爬出床外。部分婴儿床还有收藏宝宝物品的空间。不管怎样，布置婴儿床应以"让宝宝感到舒服"为前提。

宝宝的沐浴用品包括婴儿浴缸，无刺激性的婴儿香皂、沐浴乳、洗发精、婴儿乳霜。洗澡毛巾可用纱布或海绵替代。为了保持合适的水温，还应该准备温度计。

部分爸妈认为，应该睡在宝宝的身旁，这样方便换尿布或哺乳。在这种情况下，可以把婴儿床放在父母卧室中，或者利用厚被褥单独准备宝宝睡觉的空间。

若是可以准备单独储藏尿布、衣服等宝宝用品的空间，将会非常方便。可以准备婴儿用品储物柜，放置被褥、衣服或沐浴用品，方便集中管理。

新生儿的特征

新生儿是指宝宝自出生、脐带结扎至28天之前的这段时间。这段时间里，宝宝脱离母体转而独立生存，所处的内外环境发生根本的变化，适应能力尚不完善，在生长发育和疾病方面具有非常明显的特殊性，且发病率高，死亡率也高，因此新生儿期被列为婴儿期中的一个特殊时期，需要对其进行特别的护理。

刚出生的宝宝一天会有16~20小时的睡眠时间，但随着茁壮成长，其睡觉的时间会逐渐减少。

第一周除了吃奶时间，宝宝几乎都在睡觉，睡觉时蜷缩着身体，非常类似胎宝宝在子宫的姿势。出生头几天内，大部分宝宝都会采取胎内的姿势睡觉，如果子宫内的位置异常，宝宝出生后也会以子宫内的姿势睡觉。而且，由于宝宝的脑组织尚未发育完全，所以神经系统的兴奋持续时间较短，容易因疲劳而入睡。

宝宝因为呼吸中枢发育不成熟，肋间肌较弱，新生儿的呼吸运动主要依靠横膈肌的上下升降来完成，通常显露出来的现象为呼吸表浅、呼吸节律不齐，即呼吸忽快忽慢。

宝宝在前2周呼吸较快，每分钟40次以上，个别可达到每分钟80次。尤其是睡眠时，呼吸的深度和节律呈不规则的周期性改变，甚至会出现呼吸暂停同时伴随心率减慢或呼吸次数增快、心率增快的情况，这是正常现象。

新生儿的身体变化

宝宝诞生到这个世界后，脐血管结扎、肺泡膨胀并通气、卵圆孔功能闭合等，这些变化都使宝宝的血液系统进入一种崭新的状态。

诞生后最初几天，宝宝心脏有杂音，这完全有可能是新生儿动脉导管暂时没有关闭，血液流动发出的声音，爸妈无需过度担忧。新生儿心率波动范围较大，出生后24小时内，心率可能会在每分钟85至145次之间波动，部分新手爸妈经常因为宝宝脉跳快慢不均而心急火燎，这是不了解宝宝心律特点造成的。

新生儿血液多集中于躯干，四肢血液较少，所以宝宝四肢容易发冷，血管末梢容易出现青紫，因此要注意为新生儿宝宝肢体保温。

足月新生儿皮肤红润，皮下脂肪丰富。新生儿的皮肤有一层白色黏稠物质，称为胎儿皮脂，主要分布在脸部和手部。

皮脂具有保护作用，可在几天内被皮肤吸收，但如果皮脂过多，因而聚积于皮肤褶皱处，应给予清洗，以防对皮肤产生刺激。

新生儿皮肤的屏障功能较差，病毒与细菌容易通过皮肤进入血液，引起疾病，所以应加强皮肤的护理。宝宝出生3至5天，胎脂去净后，可用温水给他洗澡，但要选用无刺激性的香皂或专用洗澡液，洗完后必须用温水完全冲去泡沫，并擦干皮肤。

新生儿的社会关系

宝宝的社会关系，总括来说非常简单，他们主要会与照顾者发生接触，一般情况下会是爸妈。

妈妈与宝宝之间，彼此不用语言就能很好地交流和沟通，当宝宝需要妈妈时，妈妈似乎总是恰好准备要去看宝宝，而当妈妈去看宝宝的时候，宝宝也似乎总是正在等待着她的到来，这种紧密协调的关系被称为母婴同步。

据观察，仅仅出生几个星期的宝宝在接触妈妈时，经常会睁开、阖上眼睛，两者似乎存在一定程度的默契。

这种默契如何进行呢？妈妈也许会凝视着自己的宝宝，平静地等待他说话、做动作，当宝宝天真地做出反应时，妈妈也许通过模仿宝宝的姿势，或者对着宝宝微笑、说某些事情来回答婴儿。妈妈每这样做一次，中间都要略有停顿，让宝宝有轮流"说话"的机会，好像婴儿在这种交流中是一个很有能力的人。

在对宝宝的影响方面，爸爸和妈妈确实有很大的差异，例如两人与宝宝玩同样游戏，方式却会非常不同。与妈妈相比，爸爸更喜欢花时间在游戏动作上。

无论是妈妈或爸爸，都能以适当的形式与宝宝进行互动，这是毋庸置疑的。所以应当相信，爸爸和妈妈在培养、教育自己的子女中，有着同样的义务和能力。

新生儿特殊生理现象

鹅口疮又称为"念珠菌症"，是一种由白色念珠菌引起的疾病。鹅口疮多累及全部口腔，包含舌、牙以及口腔黏膜。

鹅口疮发病时，首先会在宝宝的舌面或口腔颊部黏膜出现白色点状物，再逐渐增多、蔓延至牙床、上颚，并相互融合成白色大片状膜，形似奶块状。若用棉花蘸水轻轻擦拭不易擦除，如强行剥除白膜，局部容易出现潮红、粗糙、甚至出血，而且很快又会重新长出。

宝宝罹患鹅口疮，除口中可见白膜外，一般没有任何不适感，睡觉、吃奶均正常。引发原因很多，主要由于抵抗力低下，像营养不良、腹泻及长期服用抗生素等所致，也会通过污染上霉菌的食具、乳头、手等部位，侵入口腔而引发。

宝宝下半身经常跟被弄脏的尿布接触，因此宝宝细致柔软的皮肤容易受到刺激。由于受尿液主要成分氨的影响，宝宝的皮肤容易出现被称为氨皮肤病的发疹。另外，若是使用环保尿布，清洗时，如果不把洗涤剂冲洗干净，也会刺激皮肤。

一般情况下，由于白色念珠菌感染，容易引发皮肤炎症"脂溢性皮炎"，为了防止皮肤发疹，必须经常更换尿布，然后涂抹保护宝宝皮肤的身体乳液。如果出现发疹症状，最好去掉尿布，然后在清爽的空气下晾干皮肤。

新生儿的五感

宝宝出生便对光有反应，眼球会自动进行无目的的运动，1个月大的宝宝可注视物体或灯光，而且目光可以随着物体移动。

过强的光线对宝宝的眼睛及神经系统有不良影响，因此婴儿房的灯光要柔和、不要过亮，光线也不要直射宝宝眼睛。需要外出时，眼部应有遮挡物，以免受到阳光的刺激。

刚出生的宝宝，耳鼓腔内还充满着黏性液体，妨碍声音的传导，随着液体的吸收和中耳腔内空气的充满，其听觉灵敏度逐渐增强。宝宝睡醒后，妈妈可用轻柔和蔼的语言和他说话，也可以放一些柔美的音乐给宝宝聆听，但音量要小，因为宝宝的神经系统尚未发育完善，大的响动会使四肢抖动或惊跳，因此宝宝的房间应避免嘈杂的声响，保持安静。

宝宝的触觉很灵敏，轻轻触动其口唇便会出现吮吸动作，并转动头部，触其手心会立即紧紧握住。哭闹时将其抱起会马上安静下来，妈妈应适当拥抱婴儿，让宝宝享受妈妈的爱抚。

宝宝的嗅觉比较发达，刺激性强的气味会使他皱鼻、不愉快，还能辨别出妈妈身上的气味。

宝宝的味觉也相当发达，能辨别出甜、苦、咸、酸等味道，如果吃惯了母乳再换牛奶，他会拒食；若是每次喝水都加果汁或白糖，以后再喂他白开水，他就不喝了。因此，从新生儿时期起，喂养宝宝便要注意不要过多甜味。

新生儿清洁注意事项一

有些父母希望宝宝将来的眉毛长得浓密好看，于是想给宝宝刮掉眉毛。这是不适当的，因为眉毛的主要功能是保护眼睛，防止尘埃进入，如果刮掉眉毛，短时间内会对眼睛形成威胁。其次，由于宝宝的皮肤非常娇嫩，刮眉毛时，好动的宝宝未必能安静地配合，稍有不慎就会伤及宝宝的娇嫩皮肤。新生儿抵抗力弱，如果眉毛部位的皮肤受伤没有得到及时处理，很容易导致伤口感染溃烂，使周围的毛囊遭到破坏，以后就不能再长眉毛了。

再者，如果眉毛根部受到损伤，再生长时，就会改变其形态与位置，从而失去原来的自然美。况且，新生儿的眉毛一般在5个月左右就会自然脱落，重新长出新眉毛来，因此完全没有必要给宝宝刮眉毛。

新生儿刚出生时，口腔里常带有一定的分泌物，这是正常现象，无需擦去。妈妈可以定时给新生儿喂一点白开水，就可清洁口腔中的分泌物了。

新生儿的口腔黏膜娇嫩，切勿造成任何损伤。不要用纱布去擦口腔，牙齿边缘的灰白色小隆起或两颊部的脂肪垫都是正常现象，切勿挑割。如果口腔内有脏物时，可用棉花棒进行擦拭，但动作要轻柔。

宝宝的眼部要保持清洁，每次洗脸前应先将眼睛部分擦洗干净，平时也要注意及时将分泌物擦去。

新生儿清洁注意事项二

新生儿出生后必须密切观察脐部的情况，每天仔细护理，包扎脐带的纱布要保持清洁，如果湿了要及时换干净的。要注意观察包扎脐带的纱布有无渗血现象。渗血较多时，应将脐带扎紧一些并保持局部干燥；脐带没掉之前，注意不要随便打开纱布。

脐带脱落后，便可以给婴儿洗盆浴。洗澡后必须擦干婴儿身上的水分，并用70%的酒精擦拭肚脐，保持清洁和干燥。根部痂皮需待其自然脱落，若露出肉芽肿可能妨碍创面愈合，需留意。脐带根部发红或是脱落后伤口总不愈合，脐部湿润流水，这是脐炎的初期症状，应迅速就医。为防止细菌感染，不能用手指触摸宝宝肚脐。

新生儿的指甲长得很快，有时一个星期要修剪两三次，为了防止新生儿抓伤自己或他人，应及时为其修剪。洗澡后指甲会变得软软的，此时也比较容易修剪。

修剪时一定要牢牢抓住宝宝的手，可以用小指甲压着新生儿手指肉，并沿着指甲的自然线条进行修剪，不要剪得过深，以免刺伤手指。一旦刺伤皮肤，可以先用干净的棉花擦去血渍，再涂上消毒药膏。另外，为防止宝宝用手指划破皮肤，剪指甲时要剪成圆形，不留尖角，保证指甲边缘光滑。如果修剪后的指甲过于锋利，最好给宝宝戴上手套。

新生儿洗澡准备

初产妈妈最烦恼的事情之一就是给宝宝洗澡。其实，给宝宝洗澡不是件难事，只要从容易洗的部位开始慢慢清洁，就能轻松为宝宝洗澡。

首先要做的是将洗澡所需的物品备齐，例如消毒脐带的物品，预换的婴儿包被、衣服、尿片以及小毛巾、大浴巾、澡盆、冷水、热水、婴儿爽身粉等。同时检查自己的手指甲，以免擦伤宝宝，再用肥皂洗净双手。

新生宝宝是娇嫩的，他刚离开最安稳的母亲子宫不久，所以得十分细心地为他创造一个理想的环境和适宜的温度。最好使室温维持在一般人觉得最舒适的26至28℃，水温则以37至42℃为佳。可在盆内先倒入冷水，再加热水，用手腕或手肘试温调和，使水温恰到好处。

沐浴时要避免阵风的正面吹袭，以防宝宝着凉生病。沐浴时间应安排在给婴儿哺乳1至2小时后，否则容易引起呕吐。

先洗头、脸部，将宝宝用布包好后，把身体托在前臂上置于腋下，再用手托住头，手的拇指和中指放在宝宝耳朵的前缘，以免洗澡水流入耳道。用清水轻洗脸部，由内向外擦洗。头发可用婴儿皂清洗，然后再用清水冲洗干净。

洗完头脸后，脐带已经脱落的新生儿可以撤去包布，将身体转过来，用手和前臂托住新生儿的头部和背部，把宝宝身体放入水中，注意头颈部分不要浸入到水里，以免洗澡水呛入口鼻。

培养宝宝良好的生活习惯

对于精力旺盛的宝宝来说，睡觉不是件容易的事情，白天要适当让宝宝活动一下，翻身、抬头、做操等，每次时间不要太长，体力被消耗了的宝宝较容易入睡，但注意不要让宝宝玩得太累。

另外，因为新生儿出生时会保持在胎内的姿势，四肢仍屈曲，宝宝睡眠时最好采取左侧卧的姿势，这样能使他把出生时吸入的羊水顺着体位流出。头部可适当放低些，以免羊水呛入呼吸道内。

但是，如果新生儿有颅内出血症状，就不能把头放低了。若是将新生儿背朝上俯卧，他会将头转向一侧，以免上鼻道受堵而影响呼吸。

让宝宝仰卧，将其上肢伸展然后放松，新生儿会自然让上臂又恢复到原来的屈曲状态。了解新生儿喜欢的卧姿，平时就不应该勉强将新生儿的手脚拉直或捆紧，否则会使新生儿感到不适，影响睡眠、情绪和进食，健康当然就得不到保证了。

从新生儿开始就要培养定时洗澡、清洁卫生习惯。一个月的新生儿新陈代谢很快，每天排出的汗液、尿液等会刺激他的皮肤，新生儿的皮肤十分娇嫩，表皮呈微酸性。如果不注意皮肤清洁，一段时间后，在皮肤褶皱处如耳后、颈项、腋下、腹股沟等处容易形成溃烂，甚至造成感染。

新生儿早期教育的重要

早期教育必须从0岁开始，这是由婴儿发育的特殊性决定的，这些特殊性表现为大脑发育的可塑性。大脑的可塑性是大脑对环境的潜在适应能力，是人类终身具有的特性，年龄越小，可塑性也越大。3岁前，尤其是出生的第一年是大脑发育最迅速的时期，从0岁开始的外部刺激，将成为大脑发育的导向。早期形成的行为习惯，将编织在神经网路之中，而将来若改变已形成的习惯却要困难很多。

据国内外研究表明，孩子刚出生时大脑发育已经完成了25%，而5岁时大脑的发育将达到90%，因此，爸妈们要特别注重孩子的早期教育。

在新生儿时期，可以锻炼宝宝的听觉、视觉、情绪反应，妈妈可以通过喂奶时的话语或对着宝宝唱歌、肢体动作的训练、良性的刺激等来开发新生儿大脑的潜能。

新生儿的视力虽弱，但他能看到周围的东西，甚至可以记住复杂的图形，喜欢看鲜艳有动感的东西，所以爸妈这时要采取一些方法来锻炼宝宝的视觉能力。宝宝在吃奶时，可能会突然停下来，静静地看着妈妈，甚至忘记吃奶，如果此时妈妈也深情地注视着宝宝，并且面带微笑，宝宝的眼睛会变得很明亮。这是最基础的视觉训练法，也是最常使用的方法。可以利用玩具训练宝宝学习追视，或是让宝宝追着自己的脸看。

新生儿不适处理

新生儿发热时，不要轻易使用各种退热药物，应当以物理降温为主。首先应调节宝宝居室的温度，若室温高于25℃，应设法降温，同时要减少或解开宝宝的衣服和包被，以便热量的散发。

当新生儿体温超过39℃时，可用温水擦浴前额、颈部、腋下、四肢和大腿根部，促进皮肤散热。新生儿不宜使用酒精擦浴，以防体温急剧下降，反而造成不良效果。新生儿发热时，还应经常喂饮白开水。如经上述处理仍不降温时，应及时送医做进一步的检查治疗。

新生儿呕吐的原因很多，类型也不一样。孕期胎儿胃中进入羊水过多，会导致宝宝呕吐。这种呕吐多在宝宝出生后1至2天内发生，呕吐物为白色黏液或血性咖啡样物。主要原因是由于临产时胎宝宝吸入过多羊水，或产道血性物进入胃内刺激胃黏膜所致。这种呕吐并无其他异常症状，过两三天即可自愈。

吸奶时妈妈的乳头凹陷会致使新生儿吃奶费劲，吸入较多空气；或用奶瓶喂奶时，奶汁未能充满这个奶嘴，而使宝宝吸入空气，从而导致呕吐。预防的办法是，喂奶后，将宝宝竖直抱起，轻拍其背部，让他打出嗝来。

食量过大、奶汁太凉、喂奶次数过于频繁或一次喂奶量过多，都会对新生儿的胃增加刺激，导致宝宝呕吐。

1至2个月宝宝的生长发育

在这个月内，宝宝将以他出生后第一周的生长速度继续生长。这个月宝宝的体重将增加0.7~0.9千克，身长将增加2.5~4.0厘米；头围将增加1.25厘米，这些都是平均值。

满2个月时，男婴体重平均5.2千克，身长平均58.1厘米；女婴体重4.7千克，身长56.8厘米。宝宝出生时四肢屈曲的姿势有所放松，这与大脑的发育有关。前囟门出生时斜径为2.5厘米，后囟门出生时很小，1至2个月时有的已经闭合。

这个时期宝宝视觉集中的现象越来越明显，喜欢看熟悉的大人的脸。宝宝眼睛清澈了，眼球的转动灵活了，哭泣时眼泪也多了，不仅能注视静止的物体，还能追随物体而转移视线，注意力集中的时间也逐渐延长。

正像宝宝生来喜欢人类面孔的程度超过其他图案一样，相对于其他声音，宝宝也更喜欢人类的声音。他尤其喜欢妈妈的声音，因为他将妈妈的声音与温暖、食物和舒适联系在一起。一般来说，宝宝比较喜欢高音调的妇女的声音。在1个月时，即使妈妈在其他房间，他也可以辨认其声音，当妈妈跟他说话时，他会感到安全、舒适和愉快。

在第2个月期间，你会听到宝宝喜欢重复某些母音（啊、啊，哦、哦），尤其是你一直与他用清楚、简单的词汇和句子交谈时。另外，宝宝发起脾气来哭声也会比平时大得多。这些都是宝宝与父母沟通的一种方式，父母应对此做出相应的反应。

3个月宝宝的生长发育

3个月时宝宝头上的囟门外观仍然开放而扁平，宝宝看起来有点儿圆胖，但当他更加主动地使用手和脚时，肌肉就开始发育，脂肪将逐渐消失。满3个月时，身长较初生时增长约四分之一，体重已比初生时增加了一倍。男宝宝体重平均为6.0千克，身长平均61.1厘米，头围约41.0厘米；女宝宝体重平均为5.4千克，身长平均为59.5厘米，头围40.0厘米。

此时宝宝的视觉会出现戏剧性的变化，这时宝宝的眼睛更加协调，两只眼睛可以同时运动并聚焦。而且这么大的宝宝就已经认识奶瓶了，一看到大人拿着它就知道要给自己喂奶或喂水了，会非常安静地等待着。

在宝宝卧床的上方距离眼睛20~30厘米处，挂上2~3种色彩鲜艳的玩具，如环、铃或球类。在宝宝面前触动或摇摆这些玩具，以引起他的兴趣。在宝宝集中注意力后，将玩具边摇边移动（水平方向180度，垂直方向90度），使宝宝的视线追随玩具移动的方向。

此时宝宝已具有一定的辨别方向的能力，头能顺着响声转动180度。无论宝宝躺着或被抱着，家长都应在宝宝身旁的不同方向用说话声、玩具声逗他转头寻找声音来源。

这个时期，宝宝语言也有了一定的发展：逗他时会非常高兴并发出欢快的笑声；能发的音增多，且能发出清晰的母音，如啊、噢、呜等，似乎在向妈妈说着知心话。这个时候和宝宝面对面时，要让他看着你的嘴形，重复发这些单音，让他模仿。

4个月宝宝的生长发育

4个月的宝宝生长速度很快，仅次于最初的3个月，仍需要大量的热量和营养素。宝宝的生长发育受到许多因素的影响，包括遗传、环境、营养、疾病等，因此每个宝宝都有自己的生长规律，以下标准值仅作为一般规律的参考。

宝宝到第4个月末时，后囟门将闭合；头看起来仍然较大，这是因为头部的生长速度比身体其他部位快，这十分正常；他的身体发育很快可以赶上。这个时期宝宝的增长速度开始稍缓于前3个月。

到满4个月时，男婴体重平均6.7千克，身长平均63.7厘米，头围约42.1厘米；女婴体重平均6.0千克，身长平均62.0厘米，头围约41.2厘米。

此时宝宝已经能够跟踪在他面前半周视野内运动的任何物体；同时眼睛的协调能力也可以使他在跟踪靠近和远离他的物体时视野加深。视线变灵活，能从一个物体转移到另外一个物体；头眼协调能力好，两眼随移动的物体从一侧到另一侧，移动180度，能追视物体，如小球从手中滑落掉在地上，他会用眼睛去寻找。

这个时期的宝宝在语言发育和感情交流上进步较快。高兴时，会大声笑，笑声清脆悦耳。当有人与他讲话时，他会发出咯咯咕咕的声音，好像在跟你对话。对自己的声音感兴趣，可发出一些单音节，而且不停地重复，能发出高声调的喊叫或发出好听的声音，咿呀学语的声调变长。

5个月宝宝的生长发育

这段时期的宝宝，眉眼等五官也长开了，脸色红润而光滑，变得更可爱了。此时的宝宝已逐渐成熟起来，显露出活泼可爱的体态，身长、体重增长速度较前减慢。

宝宝5个月时才能辨别红色、蓝色和黄色之间的差异。如果宝宝喜欢红色或蓝色，不要感到吃惊，这些颜色似乎是这个年龄段宝宝最喜欢的颜色。

这时，宝宝的视力范围可以达到几米远，而且将继续扩展。他的眼球能上下左右移动，注意一些小东西，如桌上的小点心；当他看见妈妈时，眼睛会紧跟着妈妈的身影移动。

当宝宝啼哭的时候，如果放一段音乐，正在哭的宝宝会停止啼哭，扭头寻找发出音乐的地方，并集中注意力倾听。听到柔和动听的曲子时，宝宝会发出咯咯的笑声。看熟悉的人或物时会主动发音；听到叫自己的名字会注视并微笑；开始发出h、l等音。这时候的宝宝，学会的语音越来越丰富，还试图通过吹气、咿咿呀呀、尖叫、笑等方式来"说话"。

他可能已经学会用手舞足蹈和其他的动作表示愉快的心情；开始出现恐惧或不愉快的情绪。会躺在床上自己咿咿呀呀地玩儿。有时候宝宝的动作会突然停下来，眼珠也不再四处乱看，而是只盯着一个地方，过了一会儿又恢复正常。抱着宝贝坐在镜子对面，让宝贝面向镜子，然后轻敲玻璃，吸引宝贝注意镜子中自己的像，他能明确地注视自己的身影，对着镜中的自己微笑并与他"说话"。

新生儿母乳喂养的好处

宝宝的喂养是一个充满艰辛与困难的历程，但同时又是充满快乐与幸福的过程，怎样才能正确喂养新生儿，让宝宝健康而快乐地成长呢？

俗话说"吃母乳的宝宝更聪明"，母乳喂养不仅对宝宝身心的健康发展意义重大，而且也有利于产后妈妈的身体尽快恢复。

母乳，尤其是初乳，最适合新生儿生长发育的需要，它含有新生儿生长所需的全部营养成分。母乳中含有促进大脑迅速发育的优质蛋白、必需的脂肪酸和乳酸，其中，在脑部组织发育中起着重要作用的牛磺酸含量也较高，所以说母乳是新生儿期大脑快速发育的最佳营养来源。

另外，母乳中还含有大量抵抗病毒和细菌感染的免疫物质，可以增强新生儿的抵抗能力，母乳喂养的宝宝一般来说抗病能力较强，这是母乳所独有的好处。

母乳还含有帮助消化的酶，有利于新生儿对营养的消化吸收。吃母乳的宝宝较不会引起湿疹之类的过敏反应。

母乳还可以在一定月龄内随着宝宝的生长需要而相应变化其成分和数量，满足不同月龄宝宝生长发育所需。

宝宝对乳房的吮吸刺激，可以反射性地促进催产素的分泌，有利于产后妈妈们的子宫收缩和健康恢复。

培养宝宝良好的饮食习惯

宝宝消化系统薄弱，胃容量小，胃壁肌肉发育还不健全，从小培养宝宝良好的饮食习惯，使其饮食有规律、吃好、吃饱，更好地吸收营养，才能满足身体的需要，促进生长发育。母乳的前半部分富含蛋白质、维生素、乳糖、无机盐，后半部分则富含脂肪，是宝宝生长发育所必需的营养物质。

因此，平时应该坚持让宝宝吃空一侧的母乳再吃另一侧，这样既可使宝宝获得全面的营养，又能保证两侧乳房乳汁的正常分泌。另外，如果奶水充足，宝宝在一侧再也吃不到的时候，也就知道哺乳过程结束了，就会渐渐睡去。

倘若来回换着吃，反而会弄醒宝宝。这样，容易让宝宝变得敏感、很难入睡，妈妈也会觉得疲劳。如果晚上宝宝饿醒了，要及时抱起喂奶，但尽量少和他说话。

图书在版编目（CIP）数据

288道月子餐，瘦回产前好气色 / 孙晶丹主编.--
乌鲁木齐：新疆人民卫生出版社，2016.8
ISBN 978-7-5372-6640-6

Ⅰ.①2… Ⅱ.①孙… Ⅲ.①产妇－妇幼保健－食谱
Ⅳ.①TS972.164

中国版本图书馆CIP数据核字(2016)第150443号

288道月子餐，瘦回产前好气色

288 DAO YUEZICAN, SHOUHUI CHANQIAN HAOQISE

出版发行	新疆人民出版总社 新疆人民卫生出版社
责任编辑	张鸥
策划编辑	深圳市金版文化发展股份有限公司
版式设计	深圳市金版文化发展股份有限公司
封面设计	深圳市金版文化发展股份有限公司
地　　址	新疆乌鲁木齐市龙泉街196号
电　　话	0991-2824446
邮　　编	830004
网　　址	http://www.xjpsp.com
印　　刷	深圳市雅佳图印刷有限公司
经　　销	全国新华书店
开　　本	185毫米×260毫米　16开
印　　张	12
字　　数	150千字
版　　次	2017年3月第2版
印　　次	2018年7月第6次印刷
定　　价	35.00元